北京地区常见鸟类便携手册

刘建国　付建平　主编

中国科学技术出版社

·北　京·

图书在版编目（CIP）数据

北京地区常见鸟类便携手册 / 刘建国，付建平主编．北京：中国科学技术出版社，2025. 8.（2025.11 重印）-- ISBN 978-7-5236-1412-9

Ⅰ．Q959.708-62

中国国家版本馆 CIP 数据核字第 2025KZ8880 号

策划编辑	符晓静
责任编辑	曹小雅
封面设计	沈　琳
正文设计	中文天地
责任校对	焦　宁
责任印制	李晓霖

出　　版	中国科学技术出版社
发　　行	中国科学技术出版社有限公司
地　　址	北京市海淀区中关村南大街 16 号
邮　　编	100081
发行电话	010-62173865
传　　真	010-62173081
网　　址	http://www.cspbooks.com.cn

开　　本	880mm × 1230mm　1/64
字　　数	140 千字
印　　张	4.5
版　　次	2025 年 8 月第 1 版
印　　次	2025 年 11 月第 2 次印刷
印　　刷	凯德印刷（天津）有限公司
书　　号	ISBN 978-7-5236-1412-9 / Q · 291
定　　价	58.00 元

北红尾鸲（雄）

Phoenicurus auroreus

Daurian Redstart

分类：雀形目，鹟科。

生态类群：鸣禽。

居留状况：夏候鸟、旅鸟、冬候鸟。

体长：13.2~15.7 厘米。

特征描述：小型鸣禽。雄鸟头顶灰白，喉、颊、前颈、上体、翅大部分为黑色，翅有三角形白色翅斑。下体、腰部及尾羽为鲜艳的棕红色，中央尾羽色较深，嘴、足黑色。雌鸟见第153页。

习性：雄鸟繁殖期有响亮的“嘀嘀嘀嗒嘀嗒”的叫声，雌、雄鸟还可以发出“吱、吱”的单调金属声，有时也发出低哑的“嘎、嘎”声。喜停留在低矮的树木或电线上观察地面。飞到地面捕食昆虫，然后飞至另一处低树上停留，并不时按背腹方向抖动尾羽。

生境：常栖息于林缘和村落附近。

食性：主要以昆虫、虫卵为食，并辅以少量植物种子。

繁殖：参见第 153 页北红尾鸲雌鸟。

相似种识别：在北京地区可能混淆的鸟种有赭红尾鸲、红腹红尾鸲等。但赭红尾鸲没有白色三角翅斑，红腹红尾鸲体形较大，白色翅斑也较大。

编者提示：俗名倭瓜燕儿，飞至停歇点常不停地上下抖动尾羽是北红尾鸲的野外识别特征之一，其多在地面、矮树和灌木上活动。北红尾鸲是北京城镇郊区最常见的红尾鸲，赭红尾鸲少见，红腹红尾鸲秋冬季见于山区，且不易见。

主要参考文献

［1］郑光美. 中国鸟类分类与分布名录（第四版）［M］. 北京：科学出版社，2023.

［2］赵欣如. 北京鸟类图鉴（第2版）［M］. 北京：北京师范大学出版社，2014.

［3］赵欣如. 中国鸟类图鉴［M］. 北京：商务书印馆，2018.

［4］赵欣如，朱雷. 北京鸟类图谱［M］. 北京：中国林业出版社，2021.

［5］高武. 北京野鸟图鉴［M］. 北京：北京出版社，2001.

［6］约翰·马敬能. 中国鸟类野外手册［M］. 北京：商务书印馆，2022.

中文索引

英文索引

雀鹰

Accipiter nisus

Eurasian Sparrow Hawk

分类：鹰形目，鹰科。

生态类群：猛禽。

居留状况：旅鸟、冬候鸟（11 月至翌年 4 月），少数夏候鸟（4 月中旬至 11 月下旬）。

体长：♂ 32~38 厘米，♀ 37~43 厘米。

识别特征：小型猛禽。嘴黑，蜡膜绿黄色，脚和趾黄色，爪黑色。翼较宽，初级飞羽 6 枚形成指状，尾较长，有 4~5 道横斑。雄性成鸟有红棕色颊斑，上体灰色，下体白色，胸腹部棕红色有细横纹。雌鸟及幼鸟上体灰褐色，头后杂有少许白色，下体白色有褐色横斑。

习性：单独活动，可盘旋飞翔，并善低飞。

生境：栖于山地森林及林缘地带。

食性：主要以雀形目鸟类、昆虫和鼠类为食，常撕裂吞食。

繁殖：营巢于距地面 4 米的树上。每窝产卵 3~4 枚，卵鸭蛋青色，32~35 天出雏，雏鸟晚成性。

相似种识别：雀鹰与苍鹰相似，但苍鹰明显体大头小，白色眉纹更清晰，胸腹部斑纹更细密。与日本松雀鹰和松雀鹰相似，但二者体形更小，且喉部白色明显，有一道竖向喉中线，外侧初级飞羽 5 枚形成指状。

编者提示：雀鹰俗名细胸（雄）、鹞子（雌），鹰和隼都尾长，但鹰的次级飞羽长一些，比隼形目鸟类显宽，鹰的翅端偏圆，隼的翅端偏尖，野外观察注意区分。

雌♀

雄♂

白腹鹞

Circus spilonotus
Eastern Marsh Harrier

分类：鹰形目，鹰科。
生态类群：猛禽。
居留状况：旅鸟、冬候鸟。
体长：♂ 50.2~54 厘米，♀ 55~59.4 厘米。
特征描述：中型猛禽。初级飞羽 5 枚延长成指状。雄鸟头至后颈、上背灰白色，具宽阔的黑褐色纵纹；肩、下背、腰黑褐色，羽缘灰白色。尾上覆羽白色，有淡棕色斑，尾羽银灰色有不明显淡褐色横斑，下体白色，喉、胸部有黑褐色纵纹。雌鸟上体褐色，羽缘棕红色，尾上覆羽白色，杂以棕色斑，尾羽银灰色，微沾棕色，有黑褐色横斑。飞羽黑褐色，颌、喉、胸、腹皮黄色或污白色，有棕色羽干纹。
习性：单个或成对低空（几乎紧贴植被）飞行、觅食。
生境：沼泽、芦苇塘、湖泊滩涂、草甸等较为开阔的地方。
食性：主要以小型鸟类、啮齿类、蛙、蜥蜴、小型蛇类和大型昆虫为食。有时也吃动物腐尸。
繁殖：繁殖期 4 月至 6 月，地面芦苇中营巢，偶尔也在灌丛中营巢。每窝产卵 4~5 枚，晚成雏，出壳 35~40 天离巢。
相似种识别：白腹鹞与鹊鹞、白尾鹞相比嘴形较大，雌鸟和幼鸟腹部呈皮黄色。雌鸟与白尾鹞相比，腰部不如白尾鹞白，有的个体腰部无白。

编者提示：白腹鹞是鹞属猛禽中色型较为复杂的一种，野外识别参考更多专业性图鉴。

大鵟

Buteo hemilasius
Upland Buzzard

分类：鹰形目，鹰科。

生态类群：猛禽。

居留状况：旅鸟、冬候鸟。

体长：♂ 58.2~62.2 厘米，♀ 56.9~67.6 厘米。

特征描述：中型猛禽。羽色变化多，有淡色型、中间型、暗色型。5 枚初级飞羽延长成指状。淡色型较为常见，头、颈白色，有褐色纵纹。上体淡褐色，有淡棕色羽干纹，尾羽灰褐色，有 7~8 道暗褐色横纹，下体胸白，腹侧深褐色，颌、喉和胸部有淡褐色纵纹。虹膜灰白或淡褐色，蜡膜黄绿色，嘴黑褐色，脚黄色。

生境：栖息于山地、山脚平原与草原地区，冬季也常出现在丘陵、农田、沼泽、村庄，甚至是城市附近。

食性：主食啮齿动物、蛙、蜥蜴、蛇、野兔、旱獭、雉鸡等。

繁殖：繁殖期 5 月至 7 月，营巢于峭壁或树上。每窝产卵 2~4 枚，雏鸟晚成性，出壳 45 天后离巢活动。

相似种识别：大鵟的外形和普通鵟、毛脚鵟等其他鵟类相似，但体形比它们大，飞翔时头较小，翼展稍显窄长，翼上初级飞羽基部的白色斑块明显（俗称翼窗），淡色型翼下棕黄色和白色的条状斑块明显，初级飞羽基部深色斑块抢眼（俗称腕斑）。普通鵟的翼展相对较宽、较短、较圆，无明显翼窗。毛脚鵟尾羽偏白并有较宽的黑色次端斑。

编者提示：俗名花豹。野外识别时注意其体形、色斑和色型。

普通鵟

Buteo japonicus

Eastern Buzzard

分类：鹰形目，鹰科。

生态类群：猛禽。

居留状况：旅鸟、冬候鸟（10 月至翌年 4 月）。

体长：♂ 52.5 厘米，♀ 48~56 厘米。

识别特征：中型猛禽。体色棕褐色。上体主要为暗褐色，下体色浅，为暗褐色或淡褐色，两胁和腿部深色，尾淡褐色，有多道暗色横斑。两翼伸开宽而圆，可见初级飞羽基部有明显的白斑，翼下近白色，翼角深色斑明显。

习性：善飞翔，白天大部分时间常在空中盘旋。性机警，视觉敏锐。两翼伸开略高于背部与上体呈浅“V”形，短而圆的尾呈扇形展开。

生境：栖于山地及平原森林或林缘。

食性：可急冲而下捕食鼠类、蛇、野兔等动物。

繁殖：巢筑在高大树冠上，以枯枝堆积而成。每窝产卵 2~3 枚。

近似种识别：普通鵟比大鵟（70 厘米）体形略小，翼展显得宽、短，大鵟的翼展长。其与毛脚鵟相似，但毛脚鵟的跗跖被白色羽毛，白色尾羽近端部有黑褐色宽横带。飞行时，毛脚鵟深色两翼与浅色尾形成较强对比。

编者提示：普通鵟俗名土豹，野外观察时，注意与大鵟和毛脚鵟的区别。

雄♂

（见第197页）

红脚隼（雌）

Falco amurensis
Eastern Red-footed Falcon

分类：隼形目，隼科。
生态类群：猛禽。
居留状况：旅鸟、夏候鸟。
体长：♂ 25.5~29.5 厘米，♀ 26.8~29.2 厘米。
特征描述：小型隼类。雌鸟额棕白色或白色，上体暗灰色，有黑色横斑，腰及尾上覆羽石板灰色，尾灰色，有黑褐色横斑。喉白色，其余下体黄白色，胸部有宽阔黑褐色纵纹，腹部两侧和胁部有黑褐色横斑，尾下覆羽、腿覆羽淡棕黄色。腋羽和翅下覆羽白色有黑褐色横斑。幼鸟羽色似雌鸟，上体颜色偏棕褐色，下体纵纹更粗。雄鸟见第 197 页。
生境：栖息于低山的林缘、山脚平原、沼泽、草原、山谷、农田等开阔地带。
食性：主要以蝗虫、蚱蜢、蝼蛄、蟋蟀、金龟子等昆虫为食，也吃蜥蜴、蛙、鼠类和小型鸟类。
繁殖：繁殖期 5 月至 7 月，营巢于高大乔木上，有时侵占喜鹊等其他鸟的巢。每窝产卵 4~5 枚，亲鸟喂养 27~30 天，幼鸟离巢。
相似种识别：红脚隼雌鸟及幼鸟和燕隼相近，但颜色较淡，腹部斑纹较细，翅短尾长。燕隼脸部鬓斑较重，脚为黄色而非红色。

编者提示：红脚隼又叫阿穆尔隼，俗名青燕子、红腿燕子。雄成鸟通体铅灰色，红眼圈、红色蜡膜，飞翔时翼下黑白对比明显，不易认错。观察时注意雌鸟的辨认。

幼鸟

红尾伯劳

Lanius cristatus

Brown Shrike

分类：雀形目，伯劳科。

生态类群：鸣禽。

居留状况：夏候鸟（5月下旬至9月下旬）、旅鸟（5月中旬至6月，9月下旬至10月）。

体长：17~20.8厘米。

特征描述：小型鸣禽。雄鸟头顶棕褐色，有的个体前额灰白色，黑色贯眼纹，上体棕灰褐色，眉纹白色或淡棕不显。上嘴尖有小钩。下体由纯白转淡棕白，尾羽棕红色。雌鸟似雄鸟，体色稍浅。幼鸟两胁、腰背部多具棕色鳞状斑。

习性：平时叫声为“嘎，嘎，嘎嘎”，雄鸟春季有动听的鸣啭。常停留在树顶枯枝上，举目窥视地面，发现猎物即急飞猛扑，抓住猎物后返回原栖息树枝上，常把猎物穿刺在树枝上，用嘴撕碎后吞食。若食物剩余，就挂在枝上贮存。

生境：栖息于平原至低山的村庄附近。

食性：主食各种较大的昆虫和其他小型脊椎动物。

繁殖：营巢于树上。巢由枯草等筑成。卵乳白色，缀以灰褐色斑点，孵化期14~15天，幼雏约15天离巢。

相似种识别：红尾伯劳在北京地区与不太常见的棕背伯劳相似。棕背伯劳体形略大，背部有显眼的棕红色，尾部黑色。

编者提示：红尾伯劳俗名胡不喇，是雀形目鸟类中公认的小猛禽，捕食凶猛。有说其北方俗名胡不喇是虎伯劳的谐音。在北京旅鸟中分布有4个亚种。

云雀

Alauda arvensis
Eurasian Skylark

分类：雀形目，百灵科。
生态类群：鸣禽。
居留状况：冬候鸟（11 月翌年 4 月）、旅鸟（1 月至 4 月，9 月至 11 月）。
体长：15~19.2 厘米。
特征描述：小型鸣禽。体形比麻雀大，头后部有不明显的羽冠。上体羽多为沙棕色，有黑色细纵纹，下体棕白色，胸部密布黑褐色纵纹，余部污白色。尾羽黑褐色，最外侧尾羽几乎纯白，三级飞羽较长。脚肉褐色，后爪长而直。
习性：善在草地上疾走，遇惊时头上羽冠竖起，藏匿草丛中。常骤然自地面垂直起飞，直冲云霄，升至一定高度时，悬浮于空中歌唱，歌声柔美嘹亮，后高唱入云霄。
生境：栖息于草原地区，也到河流、池塘等近水的草地。
食性：以植物种子为主，也兼食昆虫。
繁殖：营巢于地面凹处。巢由枯叶、干草堆集而成，巢内铺以细草根等。每窝产卵 3~7 枚，雌鸟孵卵，孵化期约 11 天，幼雏经哺育约 20 天后离巢。
相似种识别：云雀羽色似鹨属鸟类，但云雀有羽冠（凤头）。生活习性和蒙古百灵高度相似，但蒙古百灵较大，羽色更深，且胸前有黑色横斑，飞起时翅上白斑明显。

编者提示：云雀俗名呃兰儿、叫天子、鱼鳞燕儿，常集群在地面觅食，受惊时群起群飞，并高声鸣叫。

东方大苇莺

Acrocephalus orientalis
Oriental Reed Warbler

分类：雀形目，苇莺科。
生态类群：鸣禽。
居留状况：夏候鸟、旅鸟（5 月中旬至 9 月下旬）。
体长：16.6~19.8 厘米。
特征描述：小型鸣禽。体大的褐色苇莺。有较明显的皮黄色眉纹，下体污白色，微沾黄色。上胸有不明显的深色细纹，尾羽端部色浅。雄鸟头顶、后颈暗橄榄褐色，腰部棕褐色，其余上体为橄榄棕褐色，飞羽暗褐色，翅上覆羽橄榄棕褐色。雌鸟与雄鸟相似，仅羽色稍暗淡。幼鸟上体棕黄褐色，下体浅棕黄色。
习性：代表鸣叫声为“呱呱唧，呱呱唧……”。
生境：栖于有挺水植物的湖泊、沼泽湿地、芦苇塘等处。
食性：以昆虫、蜗牛等为食，也吃少量植物种子。
繁殖：营巢于茂密芦苇丛中。巢筑于 3~5 根连接在一起的芦苇（或香蒲）秆上，呈深杯状。每窝产卵 3~6 枚，卵蓝绿色，缀暗褐色或紫褐色斑点。
相似种识别：厚嘴苇莺与东方大苇莺体形及羽色相似，但厚嘴苇莺没有眉纹，上胸部也没有不明显的深色细纹，更喜栖于树上。

编者提示：东方大苇莺俗名苇扎子，繁殖期喜鸣叫，叫声鼓噪，是春夏季节苇塘和水边最有特点的鸟鸣声。北京奥森公园南园夏季数量较多，很常见。

黑眉苇莺

Acrocephalus bistrigiceps

Black-browed Reed Warbler

分类：雀形目，苇莺科。

生态类群：鸣禽。

居留状况：夏候鸟、旅鸟（5 月中旬至 10 月中旬）。

体长：12~13.5 厘米。

特征描述：小型鸣禽。全身羽色为褐色、棕黑色。上体羽暗橄榄棕褐色，淡黄色眉纹上有明显的黑褐色侧冠纹，眼先至眼后有一条淡黑褐色贯眼纹。虹膜暗褐色，嘴黑褐色，脚暗褐色。

习性：单独和成对活动，性机警，行动敏捷，能灵巧地在芦苇茎叶间跳跃穿梭。

生境：栖息于水域附近芦苇、蒲草丛中及灌丛中。

食性：嗜食昆虫。

繁殖：繁殖期为 5 月至 6 月。营巢于草丛中或芦苇丛中。每窝产卵 4~6 枚，幼鸟 7 月上旬离巢学飞。

相似种识别：粗壮的黑色侧冠纹是它区别于其他苇莺的主要特征，另外，黑眉苇莺体形明显比东方大苇莺、厚嘴苇莺等要小。黑眉苇莺的叫声很有特色，短暂而连续，这也是重要的识别特征之一。

编者提示：黑眉苇莺俗名小苇扎子、苇尖儿。野外观察时，注意黄色眉纹上的黑褐色侧冠纹。

褐柳莺

Phylloscopus fuscatus
Dusky Warbler

分类：雀形目，柳莺科。

生态类群：鸣禽。

居留状况：旅鸟（5 月至 6 月，9 月至 10 月）。

体长：10.5~12.4 厘米。

特征描述：小型鸣禽。上体羽呈橄榄褐色，眉纹前端白色，后端带棕色，贯眼纹暗褐色。虹膜暗褐色，上嘴黑褐色，下嘴橙黄色，嘴尖端暗褐色，腹面近白沾棕色，脚淡褐色。

习性：鸣叫声近似“嘎叭，嘎叭”，繁殖期也有动听的歌声。常上下跳跃于树枝间。数量较多，为常见鸟。

生境：在北京平原地区通常栖息于林地、低矮灌丛、林缘草地、村庄附近的果林中。

食性：喜食昆虫和虫卵。

繁殖：繁殖期为 5 月至 7 月。巢筑于河畔苇丛深处或灌丛中。巢呈球形，出入口位于巢侧。巢由枯草茎叶、苔藓筑成，内衬以残羽等。每窝产卵 5~6 枚。

相似种识别：褐柳莺属褐色型柳莺，与绿色型柳莺易区别。羽色与巨嘴柳莺相近，但巨嘴柳莺嘴形厚壮（嘴基厚度超过 3 毫米），显短粗，上嘴呈拱形，褐柳莺嘴形较纤细。褐柳莺眉纹前白后棕黄，巨嘴柳莺眉纹前黄后白，延伸至枕后。

编者提示：褐柳莺俗名嘎巴嘴，形象地说明其具有明显识别特征的鸣叫声。其在野外常隐身于灌丛中，观察时安静地站在安全距离后等待，可见其放松后跳出。

棕头鸦雀

Sinosuthora webbiana

Vinous-throated Parrotbill

分类： 雀形目，鸦雀科。

生态类群： 鸣禽。

居留状况： 留鸟。

体长： 11.9~13.5 厘米。

特征描述： 小型鸣禽。嘴厚短，如鹦鹉嘴，体羽蓬松，上体前部淡棕色，后部橄榄灰褐色。头顶和翅外缘更鲜艳，尾羽稍长，凸状尾。虹膜暗褐色，嘴黑褐色，基部黄褐色，脚铅褐色。

习性： 鸣叫声为“啾，啾，啾，啾……”或急促的“加，加加，加加……”。常结小群隐匿在苇丛、灌丛荆棘间跳跃。很少远距离飞行，仅做短距离飞移。

生境： 夏季多在山区小灌木上营巢繁殖，冬季迁至山坡灌丛草地和山麓芦苇丛生的沼泽地区，亦迁到平原地区苗圃中越冬。

食性： 主要以昆虫、虫卵为食，并辅以少量植物种子。

繁殖： 繁殖期为 5 月至 7 月。巢呈杯状，置于低矮茂密的灌丛间。筑巢材料有枯草茎、细须根等，外围绕以苔藓、蜘蛛网等加固，巢内铺细草、羊毛和残羽等柔软物。每窝产卵 3~5 枚，卵壳呈浓淡不等的蓝绿色。

相似种识别： 北京地区唯一常见的小型鸦雀，体小、尾长，不易与其他鸟类混淆。

编者提示： 棕头鸦雀俗名驴粪球儿，颈短、尾长是其显著特点，它是我国北方地区少有的鸦雀之一，另一种是震旦鸦雀，个体明显较大且少见。

山噪鹛

Pterorhinus davidi

Plain Laughingthrush

分类：雀形目，噪鹛科。

生态类群：鸣禽。

居留状况：留鸟。

体长：20.5~25.5 厘米。

特征描述：中型鸣禽。全身黑褐色，嘴玉黄色，稍向下曲，鼻孔完全被须羽掩盖，嘴在鼻孔处的厚度与其宽度几乎相等。雌雄鸟羽色相同。

习性：鸣叫声多变化，富于音韵而动听。鸣叫时常振翅展尾，喜在灌木、树枝上跳上跳下，非常活跃。经常成对活动，善于在地面刨食。

生境：栖息于山地斜坡上的灌丛中。

食性：夏季吃昆虫，辅以少量植物种子、果实，冬季则以植物种子为主。

繁殖：巢呈浅杯状，由枯草叶、茎和细根筑成，巢内铺残羽和细草茎，建在茂密灌丛中。每窝产卵 3 枚左右，卵淡宝石蓝色，卵壳鲜亮而光滑。

相似种识别：山噪鹛颜色平淡，鸣叫多变动听，是北方地区唯一的噪鹛，也是中国特有种。不易与其他鸟类混淆。

编者提示：山噪鹛俗名大灰串、山画眉，在北京地区全年可见。在郁闭的灌丛下活动，似灰耗子，注意玉黄色的嘴。

鹪鹩

Troglodytes troglodytes
Eurasian Wren

分类：雀形目，鹪鹩科。
生态类群：鸣禽。
居留状况：留鸟。
体长：8.7~11 厘米。
特征描述：小型鸣禽。鼻孔裸露，体形细小，翅长不及 6 厘米，尾短小，停立时短尾常高举。上体栗褐色，上背至尾均布满黑褐色密横斑，眉纹及头侧皮黄色，头侧羽有棕黑色小点和棕白色细纹，翼羽与背羽同色，下体羽栗褐色稍淡，胸部密布黑褐色横斑。雌雄成鸟相似。
习性：性活泼而胆怯，常在岸边石缝、土坎及茂密灌丛的枝梢上活动。
生境：在山区河谷溪流附近栖息，也见于有水域的城市公园。
食性：以昆虫、蜘蛛等为食。
繁殖：繁殖期在灌丛、枯枝堆、树洞或岩石裂隙处营巢。由枯草、细枝、枯叶和苔藓精巧编织而成的巢呈球形或圆形深碗状，在侧面开口出入。每窝产卵 4~6 枚，由雌鸟孵卵。
相似种识别：鹪鹩是北京地区唯一的鹪鹩科鸟类，不易混淆。其体形和生境可能会与某些苇莺或褐柳莺相近，但这些鸟都没有鹪鹩身上极具特色的斑纹。

编者提示：鹪鹩俗名巧媳妇、山蝈蝈儿，在北京可垂直迁徙。常活跃于溪水边的灌丛和岩石缝隙处，鸣叫声嘹亮，繁殖期鸣声婉转多变。不停跳跃，尾羽高高翘起。

赤颈鸫

Turdus ruficollis

Red-throated Thrush

分类：雀形目，鸫科。

生态类群：鸣禽。

居留状况：旅鸟、冬候鸟（11 月上旬至翌年 4 月中旬）。

体长：21~26.8 厘米。

特征描述：大型鸫类。上体以浅褐色为主，嘴黑褐色，下嘴基部黄色。雄性眉纹、脸部、喉部及上胸橙色至栗红色，尾羽两侧棕红色，中央尾羽深褐色。雌鸟喉灰白有黑色斑点，上胸沾橙色，形成胸斑带。

习性：冬、春季常见。常在林下灌木上或地上行走觅食，如有惊扰立刻飞到树上，并伴随着“嘎嘎”的叫声。飞行迅速，但一般不远飞。

生境：通常栖息于近水的山坡草地、平原灌丛或林缘田间树上。

食性：迁徙期主要吃昆虫，冬季主要吃野果和野生植物种子。

繁殖：在树上或地上营巢。每窝产卵 4~7 枚，雌鸟孵卵。

相似种识别：本种与斑鸫、红尾斑鸫体形和羽色相近，区别为胸部和两胁无密集的深色鳞状斑。红尾斑鸫喉白，无栗红色。赤颈鸫幼鸟与黑喉鸫幼鸟相似，但本种幼鸟尾羽多呈红褐色，且胸部略有栗红色晕染。

编者提示：赤颈鸫俗名红喉穿草鸡，除繁殖期成对或单独活动外，其他季节多成群活动，有时也和斑鸫、红尾斑鸫混群。野外观察应特别注意雌鸟、幼鸟的辨识。

红尾斑鸫

Turdus naumanni

Naumann's Thrush

分类：雀形目，鸫科。

生态类群：鸣禽。

居留状况：冬候鸟、旅鸟。

体长：20.4~24.8 厘米。

特征描述：中型鸣禽。雄鸟上体橄榄灰色，染橙红色，眼先黑褐色，眉纹、眼下、颏、喉染橙红色，常有不明显黑色下髭纹。上胸部及颈侧棕红色密集，下胸、腹部两侧及胁部有暗橙红色鳞状或矛状斑纹，腹部中部白色，尾羽锈红色，中央尾羽略带深色。雌鸟与雄鸟相似，但头及上体灰色和下体橙红色皆较雄鸟浅，喉和上胸黑斑较多。

习性：成对活动，冬季可结成大群。性活跃，叫声尖细，可传递很远。一般在地面活动，不太怕人。

生境：北京地区从平原到中高山冬季常见，栖息于公园、山区、农田、果园等林地、灌丛、草地。

食性：主要以昆虫为食，冬季常取食浆果、种子等。

繁殖：繁殖于西伯利亚森林，5 月进入繁殖期，营巢于树木水平枝上，也在地面营巢。一般每窝产卵 5~6 枚。

相似种识别：与斑鸫、赤颈鸫类似。红尾斑鸫尾偏红，胸部和两胁斑纹红色，而斑鸫尾羽黑色，胸前和两胁的斑纹也是黑色。赤颈鸫喉颈部为棕红色，上胸、腹部白色。

编者提示：红尾斑鸫俗名穿草鸡、窜儿鸡，原为斑鸫的亚种，现独立成种。

斑鸫

Turdus eunomus
Dusky Thrush

分类：雀形目，鸫科。
生态类群：鸣禽。
居留状况：常见冬候鸟、旅鸟，少见夏候鸟。
体长：21~26 厘米。
特征描述：大型鸫类。雄成鸟眼先、耳羽、头顶、枕部黑褐色，眉纹白色，后颈和上背为橄榄褐色，飞羽中部有栗红色斑或纵纹，尾羽黑褐色。喉部白色，上胸由鳞纹构成完整的黑色胸带，胸部至两胁密布深色斑点，腹部中央至尾下覆羽白色。雌鸟与雄鸟相似，但上体多橄榄褐色且缺少黑色。
习性：通常与其他鸫类结群活动，穿行于农田旷野的草地上。
生境：栖息于林地、灌丛、农田等。
食性：食物主要为昆虫，有时也吃蜘蛛和植物性食物。在北京冬天昆虫缺少时，吃植物果实、种子，如忍冬浆果、柏树球果等。
繁殖：营巢于树上或地面上。每窝产 4~7 枚。
相似种识别：与红尾斑鸫、赤颈鸫体形和羽色类似，幼鸟易混淆。红尾斑鸫尾羽偏棕红，胸部和两胁斑纹棕红色，斑鸫尾羽暗黑色，胸前和两胁的斑纹颜色较深，赤颈鸫喉颈部为栗红色。

编者提示：斑鸫俗名穿草鸡、窜儿鸡，原为斑鸫的北方亚种，红尾斑鸫原为斑鸫的指名亚种，后都独立成种。二者常混群，野外观察时常见杂交个体。

雌♀

雄♂

蓝喉歌鸲

Luscinia svecica
Bluethroat

分类：雀形目，鹟科。
生态类群：鸣禽。
居留状况：旅鸟（5月上旬至6月中旬）。
体长：12.2~15.6厘米。
特征描述：小型鸣禽。雄鸟上体自额部、头顶至尾上覆羽均呈暗褐色，眉纹白色或棕白色，中央尾羽灰褐色，外侧尾羽端部黑褐色，基部栗红色。下体颏喉部和胸部暗辉蓝色，喉中央有椭圆形栗色块斑，下胸有棕栗色横斑带。雌鸟体羽类似雄鸟，但颜色暗淡，下体颏部、喉部淡黄白色，没有暗辉蓝色，黑色的细颊纹与由黑色斑点组成的胸带相连。
习性：鸣唱嘹亮动听，并能模仿其他鸟类和许多昆虫的鸣叫声。性隐蔽而胆怯，喜潜匿于茂密灌丛中，或急速低飞于枝梢上。不时摆动并扩展尾羽。
生境：通常栖息于潮湿阴暗的矮灌丛或芦苇丛地面上。
食性：食物以昆虫为主，偶食少量植物种子。
繁殖：繁殖期5月至7月。营巢于灌丛或草丛地面稍凹处或植物根间。巢用枯草、树叶、细根筑成，内铺细草、兽毛、残羽等。每窝产卵4~6枚，卵壳淡绿色或橄榄褐色，雌鸟孵卵。
相似种识别：与红喉歌鸲体态和外形相近，尤其雌鸟易混淆。红喉歌鸲比蓝喉歌鸲略大，其雌鸟羽色较单一。蓝喉歌鸲雌鸟颊纹至胸部有黑色图案，飞时可见栗色尾基。

编者提示：蓝喉歌鸲俗名蓝点颏儿，多见于灌丛、苇丛地面。

雄♂

雌♀

红喉歌鸲

Calliope calliope

Siberian Rubythroat

分类：雀形目，鹟科。

生态类群：鸣禽。

居留状况：旅鸟（4 月下旬至 5 月中旬，9 月中下旬至 10 月上旬）。

体长：12.7~17.4 厘米。

特征描述：小型鸣禽。雄鸟上体橄榄褐色，眉纹和颧纹白色，下体颏喉部赤红色，周围两侧缀以黑色狭缘纹，胸部浅灰褐色，腹部白色。雌鸟颏喉部一般没有红色，体羽近似雄鸟，但颜色较暗淡，颏喉部污灰白色，稍沾灰褐色，老龄个体颏喉部微带红色。

习性：善于鸣叫，鸣声动听多变。善于奔跑，喜欢在较潮湿的水域附近地面活动、觅食。

生境：活动于低山、平原林地及繁茂的灌丛或农田间。

食性：食物主要为昆虫，有时食少量植物碎片。

繁殖：繁殖期营巢于林下茂密灌丛、草丛掩蔽的地面上。巢为椭圆形，上有圆顶覆盖，侧面开口出入。巢由杂草筑成，内铺纤细枯草。每窝产卵 4~6 枚，雌鸟孵卵。

相似种识别：颏喉部亮丽的红色是其明显特征，不易与其他鸟类混淆。

编者提示：俗名红点颏儿。在北京地区并不难见，野外观察时注意寻找生境。跗跖长，站在地面上个子显高。

雄♂
（见第243页）

红胁蓝尾鸲（雌）

Tarsiger cyanurus

Orange-flanked Bush-robin

分类：雀形目，鹟科。

生态类群：鸣禽。

居留状况：旅鸟，少量冬候鸟（10月上旬至翌年5月上旬）。

体长：13~15 厘米。

特征描述：小型鸣禽。雌鸟上体橄榄褐色，腰和尾上覆羽沾灰蓝色，下体羽似雄鸟，两胁橘黄色斑较淡，尾黑褐色带少量灰蓝色。幼鸟似雌鸟，雄鸟见第 243 页。

习性：常单独或成对活动，有时成 3~5 只小群，尤其是秋季。多在林下地上奔跑或在树木枝杈间跳跃，停歇时尾羽常上下摆动。

生境：栖于低海拔山地或平原针叶林、针阔叶混交林和灌丛地带，常见于园林果树上。

食物：繁殖期主要以甲虫、天牛、蚂蚁、尺蠖、蛾类幼虫、金龟子、蜂等昆虫为食。迁徙期也吃少量植物果实与种子等。

繁殖：繁殖期营巢于树根间凹处，或地上洞穴中。巢呈杯状，用枯草、碎叶等筑成，再用细草加固。巢内铺细草、残羽或兽毛绒等。每窝产卵 3~5 枚，主要是雌鸟孵卵。

相似种识别：红胁蓝尾鸲雌鸟与蓝歌鸲雌鸟或幼鸟的区别在两胁橘黄而非皮黄，跗跖黑褐色，蓝歌鸲跗跖更长且为浅粉色。其与北红尾鸲雌鸟的明显区别是没有显眼的白色翼斑。

编者提示：红胁蓝尾鸲俗名蓝尾巴根儿，是比较常见的林鸟，多在地上觅食，频繁在树木矮枝与地面之间来回穿梭。

雄♂

（见第221页）

白眉姬鹟（雌）

Ficedula zanthopygia

Yellow-rumped Flycatcher

分类：雀形目，鹟科。

生态类群：小型鸣禽。

居留状况：夏候鸟（5 月上旬至 9 月上旬）、旅鸟。

体长：12.2~13.6 厘米。

特征描述：小型鸣禽。雌鸟上体以暗黄绿色为主，嘴和脚均为铅黑色，腰和下体为淡黄色。雄鸟见第 221 页。

习性：性胆怯。在北京地区常见于 5 月上旬，雄鸟站立在树冠顶端突出枯枝上。鸣叫声优美，婉转动听。

生境：栖息于山麓丘陵附近的果园、树林中，在平原地区较罕见。

食性：食昆虫，如蝶、蛾、蜂、蜻象、金龟子等。

繁殖：繁殖期在 5 月至 6 月。巢置于天然树洞或旧啄木鸟洞穴中，洞口一般向阳，距地面高 3~7 米。巢呈半球形，用枯草、细根、苔藓、枯叶片、纤维、残羽等柔软物质筑成，结构疏松。每窝产卵 4~5 枚，卵呈粉黄色，缀淡赭和橙红色斑点。

相似种识别：与黄眉姬鹟体形和羽色高度类似，但黄眉姬鹟雄鸟的眉纹为橙黄色，白色翼斑也不明显，雌鸟腰部缺少黄色，黄眉姬鹟在北京为偶见旅鸟。另一种鸲姬鹟，其雄鸟眼后上方有一白斑（短眉纹），雌鸟无白色翼斑，上体棕色。

编者提示：白眉姬鹟俗名鸭蛋黄儿、三色鹟，因其雄鸟鲜艳的亮黄色胸腹部和以黑白黄为主的体色而得名，多见于丘陵林地。北京地区中低山环境可见繁殖，如国家植物园。

雌♀

雄♂

（见第255页）

北红尾鸲（雌）

Phoenicurus auroreus
Daurian Redstart

分类：雀形目，鹟科。

生态类群：鸣禽。

居留状况：夏候鸟、旅鸟、冬候鸟。

体长：13.2~15.7 厘米。

特征描述：小型鸣禽。雌鸟通体土褐色，腰部和尾羽的羽色为棕红色，下体色浅淡转为棕黄。雄鸟见第 255 页。

习性：雄鸟繁殖期有响亮的“嘀嘀、嘀嗒、嘀嗒”的叫声，雌、雄鸟均可以发出“吱、吱”的单调金属声，有时也发出低哑的“嘎、嘎”声。喜停留在低矮的树木或电线上观察地面。飞到地面捕食昆虫，然后飞至另一处低树上停留，并不时按背腹方向抖动尾羽。

生境：常栖息于林缘和村落附近。

食性：主要以昆虫、虫卵为食，并辅以少量植物种子。

繁殖：巢常置于岩石缝、土壁、旧房屋的洞穴，或在屋檐下。每窝产卵 3~6 枚，卵多为淡蓝绿色，缀紫褐色斑点。

相似种识别：北红尾鸲雌鸟与鹟科鸟类的雌鸟在体形体色上均有相似之处。在北京地区其重要的识别特征是翅膀上明显的白色三角形翅斑。另外两种红尾鸲，赭红尾鸲没有白色三角翼斑，红腹红尾鸲体形较大，白色翼斑也较大。

编者提示：北红尾鸲俗名倭瓜燕儿，是北京地区城镇郊区最常见的红尾鸲。幼鸟似雌鸟，有的翼斑较小，易与赭红尾鸲雌鸟混淆，观察时多注意。红腹红尾鸲秋冬季见于山区，且不易见。

（见第245页）

红尾水鸲（雌）

Phoenicurus fuliginosus

Plumbeous Water Redstart

分类：雀形目，鹟科。

生态类群：鸣禽。

居留状况：山区留鸟。

体长：12~14.5 厘米。

特征描述：小型鸣禽。喙和脚近黑色或黑褐色。雌鸟上体羽淡灰褐色，稍沾染蓝灰色，两翼飞羽及覆羽深褐色，有两道白色翼斑。下体羽淡灰白色密布鳞状斑纹，尾上覆羽和尾下覆羽白色，尾羽淡黑褐色，由内而外尾羽基部白色部分逐渐扩大，甚明显。雄鸟见第 245 页。

习性：鸣声嘹亮清脆，常边飞边叫。

生境：栖息于山川溪涧岸边或岩石间，南方池塘堤岸间也能见到。

食性：食物为水边昆虫或水生昆虫、小型水生无脊椎动物和植物种子等。

繁殖：营巢于山涧溪流旁悬崖岩石的缝隙中，巢洞口距地面约 5 米。近年在溪流上高架桥桥墩缝隙处有繁殖记录。巢材为细枯枝、苔藓、枯草、残羽等。每窝产卵 3~6 枚，卵白色带紫色斑点。

相似种识别：其因独特的羽色和习性，不易与其他鸟类混淆。

编者提示：红尾水鸲俗名石燕、蓝石青儿等。雌鸟停息在溪水岩石上时，隐蔽色甚好，但常翘尾的习性增加了观察机会。繁殖早期与雄鸟追逐较活跃。北京房山十渡流域常见。

（见第41页）

东亚石䳭（雌）

Saxicola stejnegeri
Stejneger's Stonechat

分类：雀形目，鹟科。

生态类群：鸣禽。

居留状况：旅鸟（4月下旬至6月中旬，8月下旬至10月中旬）。

体长：12.5~14厘米。

特征描述：小型鸣禽。雌鸟头部深褐色，头顶有黑色细纹，背部深褐色，白色翅斑面积比雄鸟小。非繁殖羽时，雌鸟与雄鸟相似，但羽色不如雄鸟深，翅斑白色面积较小。雄鸟见第41页。

习性：喜站立于开阔地带灌草丛中的枝梢上。常飞到地面或在空中捕食昆虫，又返回原栖息处。

生境：栖息于较开阔的灌草丛中。

食性：食物以昆虫为主，兼食少量杂草种子。

繁殖：每窝产卵3~8枚，雌鸟孵卵。

相似种识别：东亚石䳭雌鸟的羽色与灰林䳭雌鸟相似，但灰林䳭雌鸟个体稍大一些，棕白色眉纹清晰，外侧尾羽棕红色。

编者提示：东亚石䳭俗名石栖鸟，在郑光美主编的《中国鸟类分类与分布名录（第三版）》中，此种为黑喉石䳭的一个亚种，但在第四版中将其独立为种。

太平鸟

Bombycilla garrulus

Bohemian Waxwing

分类：雀形目，太平鸟科。

生态类群：鸣禽。

居留状况：冬候鸟（11 月至翌年 4 月）。

体长：17.4~21.2 厘米。

特征描述：小型鸣禽。全身羽毛松软，呈葡萄灰褐色，头顶有一簇柔软而尖长的羽冠，自嘴基过眼至枕部有一明显黑纹。尾羽近端部有一宽阔黄色横带，翅黑褐色，有红色蜡滴状斑块和明显黄白斑，颏、喉黑色，尾下覆羽栗红色。

习性：活动于树林顶端，多时可达百只以上，聚集成大群。飞行时鼓动双翅急速直飞，边飞边叫，声音柔细，似“呤呤呤——”。

生境：栖息于针阔混交林附近。

食物：植食性为主，在北京越冬期喜食侧柏和忍冬的果实，对传播植物种子有利。

繁殖：营巢于树上。每窝产卵 4~7 枚，雌鸟孵卵，孵化期约 14 天，幼雏经哺育约 14 天后离巢。

相似种识别：太平鸟尾端黄色，黑色贯眼纹不延伸至冠羽，可区别于小太平鸟。小太平鸟尾端玫红色，黑色贯眼纹延伸至冠羽。

编者提示：太平鸟俗名十二黄、连雀，外观不易与其他鸟类混淆，注意尾羽端部的黄色。

小太平鸟

Bombycilla japonica
Japanese Waxwing

分类：雀形目，太平鸟科。
生态类群：鸣禽。
居留状况：旅鸟，少见冬候鸟（11 月下旬至翌年 2 月）。
体长：16.5~20.5 厘米。
特征描述：小型鸣禽。尾端玫红色，黑色贯眼纹延伸至冠羽下方。形态似太平鸟，但体形稍小。翅上无蜡状斑和黄色斑纹，有红色横纹，尾羽末端有玫红色端斑，腹羽染黄，尾下覆羽棕红色。
习性：非繁殖期常与太平鸟混群，活动于松林顶端、果树和灌丛间。鸣声“叽、叽叽”，轻亮而不连贯。
生境：似太平鸟，活动于树林顶端。
食性：植食性为主，也吃昆虫等。
繁殖：繁殖于西伯利亚东部和中国东北森林地区，偏好针叶林。
相似种识别：形态似太平鸟，但体形稍小。小太平鸟尾端玫红色，而太平鸟尾端鲜黄，这是区分两种太平鸟的主要特征。另外，小太平鸟翼外缘斑点无黄色，大覆羽端部略带红色。

编者提示：小太平鸟俗名十二红、太平鸟。尾端玫红色，常与太平鸟混群，野外观察时多注意。

麻雀

Passer montanus

Eurasian Tree Sparrow

分类：雀形目，雀科。

生态类群：鸣禽。

居留状况：留鸟。

体长：11.4~15.2 厘米。

特征描述：小型鸣禽。雄鸟头部多为栗红色，脸颊污白色，耳羽后缘有黑色斑点。上体羽棕褐色，尾暗褐色，飞羽栗褐色，翅上两条细长的翅斑，下体颏喉为黑色。雌鸟似雄鸟。幼鸟羽色苍淡，耳羽后缘黑斑不明显。

习性：麻雀喜鸣叫但声音嘈杂不够婉转。常在清晨和傍晚集群在树木枝叶茂密之处长时间群鸣。秋冬季可结成数十只的大群在农田、草地取食。

生境：栖息于城乡广大地区的树林、农田、灌草丛及居民区，但在远离居民区的山野不常见。

食性：育雏期主要捕食昆虫，其他季节多食谷物、草籽及人类丢弃的饭食。

繁殖：每年繁殖 2~3 窝，每窝产卵 4~6 枚。营巢多选在屋檐下、墙洞、树洞和人类建筑洞穴等处，大量占用人工巢箱。

相似种识别：麻雀易与山麻雀混淆，其一个显著特征是两侧耳羽处各有一块明显的黑斑，且雌雄同色。山麻雀雌雄异色（雄性头顶更红，雌性有眉纹），耳羽区没有黑色斑。

编者提示：麻雀俗名家雀儿、老家贼，是北京地区分布最广、数量最多的与人相伴的鸟类。

水鹨

Anthus spinoletta
Water Pipit

分类：雀形目，鹡鸰科。
生态类群：鸣禽。
居留状况：旅鸟、冬候鸟。
体长：14.5~18.3 厘米。
特征描述：体灰褐色，头顶至背有细纹，最外侧一对尾羽有明显楔状白斑，第二对外侧尾羽有白色端斑。翼上有两条白色横带。繁殖期喉、胸部沾葡萄红色。冬季上体褐灰色，头顶至背有浓密纵纹，下体暗皮黄色，喉至胸部有浓密纵纹。雌雄鸟羽色相似。
习性：主要在 2000 米以上的高山草甸繁殖，冬季迁移至山脚平原，一般在水域岸边活动。常在地面和冰面活动，飞行呈波浪状。
生境：高山草甸或山脚平原。
食性：食物主要为昆虫，冬季亦兼食杂草种子。
繁殖：营巢于草丛或石堆间，很隐蔽。每窝产卵 4~6 枚。
相似种识别：水鹨和黄腹鹨的主要区别是水鹨上体色较浅，下体羽色较干净，胸前纵纹浅淡而少，脚的颜色更深，黄腹鹨下体纵纹浓重。

编者提示：水鹨俗名冰鸡儿，北京地区冬季在冰面和水边可见其活动，奥森公园易见。旅鸟春夏季可见下体变色。

雌♀

雄♂

燕雀

Fringilla montifringilla
Brambling

分类：雀形目，燕雀科。
生态类群：鸣禽。
居留状况：旅鸟、冬候鸟（10 月中旬至翌年 4 月下旬）。
体长：14.1~17 厘米。
特征描述：小型鸣禽。雄鸟上体头顶、头侧、后颈至上背均为黑色，并有黑蓝色金属光泽。背部有黄褐色羽斑缘，下背、腰及尾上覆羽白色，尾羽黑色，最外侧尾羽外侧羽片基段白色，内侧羽片中段缀棕灰色斑，飞羽黑褐色，羽缘沾黄白色狭缘。下体自颏喉部至胸部呈黄色，两胁淡棕色，并有黑色斑点。非繁殖期，雄鸟上体黑色羽区多具棕黄色羽缘。雌鸟似非繁殖期的雄鸟，通体黑色更少，且羽色苍淡。
习性：雄鸟常发出“喳——”的明亮叫声，鸣声不动听。常集数百只的大群活动在山区或平原地区。
生境：山区或平原林地，尤其喜针叶林及针阔混交林。
食性：喜在树上啄食嫩芽、种子，也常下地取食草籽和谷物。
繁殖：繁殖期广布于古北界北部，在我国境内除西藏、青海外其他地区均有分布，为旅鸟和冬候鸟。
相似种识别：燕雀与苍头燕雀雌鸟和某些金翅雀相似，但整体颜色更深，头颈部全黑色，也没有金翅雀的金黄色翼斑。苍头燕雀雌鸟具有特征性的黄绿色腰和白色翼斑。

编者提示：俗名燕雀儿、虎皮雀。北京常见，迁徙季可见数百或数千只大群，冬季可见数只或数十只结群。

三道眉草鹀

Emberiza cioides

Meadow Bunting

分类：雀形目，鹀科。

生态类群：鸣禽。

居留状况：山区留鸟。

体长：15.5~17.8 厘米。

特征描述：雄鸟头顶为栗红色，眉纹、颊纹白色，眼先、颚纹黑色，耳羽栗色，胸部栗红色界限明显，外侧两枚尾羽有白色楔状斑。雌鸟羽色比雄鸟暗淡，头部的黑色条纹被棕色替代。

习性：雄鸟在繁殖期有响亮的叫声，往往站在巢区固定的灌丛枝头连续不断地鸣叫。

生境：夏季在中、低山地带的林缘灌丛繁殖，冬季到低山和平原的灌丛、草丛及农田取食。

食性：食物以草籽和昆虫为主。

繁殖：在地面草丛中或灌丛基部营巢。巢杯状。一般每窝产卵 4 枚，卵多为淡青色，有的为灰白色，近钝端有深褐色粗细不等的条状、游丝状斑纹，孵卵期和育雏期约为 12 天。

相似种识别：体形和形态近似灰眉岩鹀和淡灰眉岩鹀幼鸟，但淡灰眉岩鹀不在北京分布，而灰眉岩鹀的顶冠纹为灰色，喉部为铅灰色，且一直延伸到胸部。三道眉草鹀的头顶为栗红色，耳羽栗色斑更粗大，喉部色浅，与胸部界线明显。三道眉草鹀似栗斑腹鹀，但没有栗斑腹鹀腹部的栗色斑块。

编者提示：三道眉草鹀俗名山眉子、山麻雀儿，多见于北京远郊山区，全年常见。注意山麻雀是另外一种鸟。

雄♂

雌♀

黄喉鹀

Emberiza elegans

Yellow-throated Bunting

分类：雀形目，鹀科。

生态类群：鸣禽。

居留状况：夏候鸟、冬候鸟、旅鸟。

体长：13.4~15.5 厘米。

特征描述：雄鸟头顶、贯眼纹和胸带为黑色，眉纹连同后枕、喉部为明亮的黄色。上体似多数鹀类，以土棕色为主，并有深褐色纵条纹，下体白色，中央尾羽灰色，外侧尾羽黑色，最外侧两对尾羽末端有楔状白斑。雌鸟体羽近似雄鸟，但头顶和贯眼纹为栗棕色，皮黄色取代黄色，没有黑色胸带。

习性：常发出"嗞嗞"的单调叫声，并将羽冠竖起。雄鸟在繁殖期常发出婉转的鸣声，也可发出连续而急促的"嘀嘀嘟嘟"的尖细叫声。

生境：喜在山地及平原的森林、灌草丛及农田中活动。

食性：主食草籽，也食昆虫。

繁殖：巢筑在较为阴湿的山地林缘灌丛或地面的草丛里。每窝产卵 4~5 枚，卵灰白色，近钝端有褐色斑点。

相似种识别：黄喉鹀无论雌雄，头顶冠羽均可翘起，形成凤头，这是与其他鹀类的重要区别。田鹀也略有凤头，但喉部和枕部没有明亮黄色。黄眉鹀喉部不为黄色，且具黑色。

编者提示：黄喉鹀俗名黄眉子、虎头凤，是野外比较常见的鹀类，其喉部和枕部鲜艳的亮黄色，特别是雄鸟，在众多色彩暗淡的鹀类中比较显眼。

繁殖羽

非繁殖羽

苇鹀

Emberiza pallasi

Pallas's Reed Bunting

分类：雀形目，鹀科。

生态类群：鸣禽。

居留状况：旅鸟（3月至4月，10月至11月）、冬候鸟。

体长：12.6~15.1厘米。

特征描述：雄鸟繁殖期头黑色，有白色颈环，白色髭纹延伸至颈部，似芦鹀。上体沙褐色，背部有黑色纵纹，小覆羽灰色在翼上形成灰斑，非繁殖期头部沙褐色，喉至上胸中央杂有黑色。雌鸟头沙褐色，有深色的细纵纹，额纹黑褐色。

习性：喜在芦苇丛活动，性活泼，不甚畏人。

生境：栖息于低海拔丘陵及平原地带的芦苇沼泽中。

食性：主要以草籽、芦苇种子、植物嫩芽、浆果等为食，兼食昆虫。

繁殖：每窝产卵4~5枚，卵粉红色，有斑点。

相似种识别：与芦鹀区别为苇鹀下嘴色浅，肩羽灰色，芦鹀嘴显厚大，上下嘴同为深色，肩羽红褐色。与红颈苇鹀非繁殖羽相似，但红颈苇鹀喉部色深，耳羽更明显，后颈棕褐色。

编者提示：苇鹀俗名春雀儿、山苇蓉，雄鸟繁殖期头部黑色特征明显，但北京地区不是苇鹀的繁殖地，因此繁殖羽雄鸟在北京不易见到。

小鹀

Emberiza pusilla
Little Bunting

分类：雀形目，鹀科。
生态类群：鸣禽。
居留状况：旅鸟、冬候鸟（9月下旬至翌年5月中旬）。
体长：11.5~15厘米。
特征描述：雄鸟头顶栗红色，侧冠纹黑色，眉纹、眼先棕白色，眼后纹和耳羽边缘棕黑色，颊部红棕色。上体似麻雀，但斑点较小，最外侧两对尾羽有楔状白斑。下体污灰白色，喉侧、胸部和两胁均有黑褐色纵纹。雌鸟与雄鸟羽色相似，仅色稍浅淡。
习性：雄鸟在繁殖期可发出如滴水般的低柔歌声。平时雌、雄鸟均能发出"嗞、嗞"的单调叫声。常与其他鹀类混群。
生境：栖于山麓、丘陵或平原的灌丛、草丛及林下空地。
食性：喜食草籽。
繁殖：繁殖于欧洲极北部和亚洲北部，偏好寒温带针叶林和森林苔原。
相似种识别：北京可见的鹀中易混的鹀类，灰头鹀雌鸟个体大一些，耳羽没有白斑；田鹀第一年非繁殖羽下体纵纹褐红色；苇鹀雌鸟或非繁殖羽整体色浅，下体纵纹褐红色。

编者提示：小鹀俗名虎头儿、红脸鹀，野外识别特征为体形较小，红脸、耳羽浅色似圆点也是其识别特征之一。

雌♀

（见第91页）

罗纹鸭（雄）

Mareca falcata
Falcated Duck

分类：雁形目，鸭科。
生态类群：游禽。
居留状况：旅鸟（3月下旬至5月中旬，9月中旬至10月下旬）。
体长：44~52厘米。
特征描述：中型游禽。雄鸟繁殖期头顶暗栗色，头侧、颈侧和颈冠金属铜绿色，额基有一白斑。颏、喉白色，有一黑色横带位于颈基部，上体灰白色，杂以暗褐色波状细纹，翼镜墨绿色。下体白色有细密褐斑纹，尾下覆羽淡黄色，三级飞羽甚长，并向下垂，状如镰刀。雌鸟见第91页。
习性：鸣声低沉。常成对或小群活动，迁徙时成大群。性胆怯而机警，飞行灵活迅速。白天在开阔水面活动，晨昏飞到岸边、农田等处觅食。
生境：栖于江河、湖泊等水域。
食性：主要以水生植物、杂草种子等为食。
繁殖：在湖边附近草丛中或灌木丛中地上营巢，每窝产卵6~10枚，卵淡黄色，雌鸟孵化，24~29天出雏，雏鸟早成性。
相似种识别：雄鸟头侧为金属绿色，似绿头鸭，但头顶为栗色，身体色浅，有细密的斑纹。特别是下垂的三级飞羽，不易混淆。

编者提示：罗纹鸭俗名镰刀毛鸭、扁头鸭，是一种羽色优雅艳丽的中型野鸭。雄鸟枕、冠和头侧金属铜绿色，翅上三级飞羽长而向下弯曲，似镰刀状。

雌♀

（见第97页）

绿头鸭（雄）

Anas platyrhynchos

Mallard

分类：雁形目，鸭科。

生态类群：游禽。

居留状况：旅鸟（10月至翌年4月上旬）、冬候鸟、夏候鸟、留鸟。

体长：♂ 54~62 厘米，♀ 47~55 厘米。

特征描述：中型游禽。绿头鸭雄鸟头、颈绿色，有辉亮的金属光泽。颈基有一白色领环与栗色的胸部相隔。两对黑色中央尾羽向上卷曲成钩状，外侧尾羽白色，翼镜紫蓝色，前后缘有白边。雌鸟见第 97 页。

习性：鸣声为清脆的“嘎——嘎——”声。除繁殖期外常成群活动，特别是迁徙和越冬时，常集成数十、数百，甚至上千只的大群。性好动，机警，受惊直飞上空。

生境：各种水域，游泳于水面，或栖息于水边沙洲与岸上。

食物：杂食性。以野生植物的叶、芽、茎，水藻和种子等植物性食物为主，也吃软体动物、甲壳类、水生昆虫等动物性食物。

繁殖：营巢于水边的草丛、树洞等处，每窝产卵 7~11 枚，雌鸟孵化，24~27 天出雏，雏鸟早成性。

相似种识别：雄性绿头鸭闪着金属光泽的绿色头颈部极具特色，不易与其他鸭子混淆。

编者的话：绿头鸭俗名官鸭、大红腿鸭，是分布最广、最常见的野鸭。绿头鸭是家鸭的祖先，据文字记载，我国自春秋战国时期就已经开始驯化和饲养绿头鸭。

雌♀

（见第99页）

绿翅鸭（雄）

Anas crecca
Eurasian Teal

分类：雁形目，鸭科。
生态类群：游禽。
居留状况：旅鸟（3 月至 4 月，10 月至 11 月）。
体长：30~38 厘米。
识别特征：是北京地区河鸭类最小的种类。雄鸟头、颈侧深栗色，眼周至颈侧有一条带金色边缘的绿色宽带斑，嘴、脚均为黑色，背灰色，有暗色细纹。翼收拢时可见白色羽毛，翼镜翠绿色，胁部灰色，下体余部白色，中央尾下覆羽黑色，两侧尾下覆羽前端黑色，向后转为乳黄色，形成三角形斑。雌鸟见第 99 页。
习性：除繁殖期外常成小群或大群活动。
生境：常游泳于水面，也栖息于水边沙洲和岸上。
食性：杂食性。主要以野生植物的叶、芽、茎，水藻和种子等为食，也吃软体动物、甲壳类、水生昆虫等动物性食物。
繁殖：繁殖期每窝产卵 8~11 枚，卵为浅黄色，21~23 天出雏，30 天后可飞行。
相似种识别：与常见的绿头鸭、斑嘴鸭、赤膀鸭相比体形明显小，面部花纹独特，不易混淆。最明显的特征是亮绿色翼镜。

编者提示：绿翅鸭俗名小水鸭、巴鸭，是全球分布最广的鸭子，除南极洲外，各大洲均有分布。在我国新疆及东北地区繁殖，在我国黄河流域及以南各地越冬。野外观察注意其个体小的特征。

山斑鸠

Streptopelia orientalis
Oriental Turtle Dove

分类：鸽形目，鸠鸽科。
生态类群：陆禽。
居留状况：留鸟。
体长：30~35.9 厘米。
特征描述：中型鸠鸽类。颈侧有黑斑并缀以暗灰色的鳞状斑，上体羽褐色，羽缘栗红色明显。下体羽淡红褐色，尾羽端蓝灰色，两胁和尾下覆羽灰蓝色，尾羽黑褐色。虹膜颜色橙色，嘴铅蓝色，脚洋红色。雌雄鸟羽色相似。
习性：鸣声"咕——咕——咕咕"似珠颈斑鸠，但音调更低。常成小群活动。在地面上头常前后摆动，边走边取食。
生境：栖于山区和山区附近多树林地带及平原旷野处。
食性：杂食性，吃各种杂草种子、谷物，兼吃一些昆虫。
繁殖：巢通常建于乔木冠层，主要用稀疏的枯枝构成浅盘状。每窝产卵 2 枚，卵白色，孵化期约 18 天。雏鸟晚成性，可从亲鸟口中取食其嗉囊中储存的"鸽乳"。
相似种识别：与珠颈斑鸠在食性、栖息环境及体形上均相似，但珠颈斑鸠颈侧及颈背有黑色领环，上缀白点状图案，外侧尾羽端部白色，中央尾羽羽端无白斑，飞时展尾形成断开的白色带，而山斑鸠颈部的图案为黑白条纹，尾羽端部灰白色连贯。

编者提示：山斑鸠俗名金背鸠，比珠颈斑鸠略显体胖，翼上覆羽有金红色羽缘是其主要特征之一。

幼鸟

珠颈斑鸠

Spilopelia chinensis
Spotted Dove

分类：鸽形目，鸠鸽科。
生态类群：陆禽。
居留状况：留鸟。
体长：27.2~33.5 厘米。
特征描述：中型鸠鸽类。头部灰褐色，后颈羽毛基部黑色，上有珍珠状白色斑点。上体淡褐色，下体粉红色，飞羽黑褐色，尾端有白色宽斑，中央尾羽无白，展开时形成断开的白色带。脚和趾紫红色。雌鸟与雄鸟相似，但不如雄鸟辉亮。
习性：鸣声为声调较低的“咕咕——咕噜”。常结小群于林间、地面取食。
生境：栖于城市绿地、山麓丘陵杂木林及附近农田处。
食性：吃稻谷和杂草种子等。
繁殖：营巢于树上。巢材用枯枝结成一简陋平盘状巢。一般每窝产卵 2 枚，卵为白色，椭圆形，雌雄轮流孵卵，孵化期大约 18 天。
相似种识别：与山斑鸠的区别是颈侧的黑色区域密布白色斑点，而山斑鸠颈侧的斑纹呈条纹状。灰斑鸠颈部斑纹为单一的黑色横斑。

编者提示：珠颈斑鸠俗名野鸽子、花斑鸠、珍珠鸠，野外观察时注意其与山斑鸠的区别，尾羽展开时，珠颈斑鸠是一条断开的白色带，山斑鸠是一条连贯的灰白色带。

幼鸟

雄 ♂

大杜鹃

Cuculus canorus

Common Cuckoo

分类：鹃形目，杜鹃科。

生态类群：攀禽。

居留状况：夏候鸟（5 月上旬至 9 月）、旅鸟。

体长：26~34 厘米。

特征描述：中型攀禽。羽色近似猛禽。头、颏、喉及上体羽暗灰色，尾羽黑褐色，羽端白色，中央尾羽有左右成对的白点，嘴黑褐色，下嘴基部、脚棕黄色。下体羽自胸以下为白色，并有黑褐色较细的横斑纹。雌鸟与雄鸟相似，但雌鸟也有棕色型个体，胸棕色，上体棕红色。

习性：一般单独活动。常边飞边叫，叫声为十分有特色的“布——谷，布——谷”声。

生境：喜在近水、高大乔木林（如杨树林）附近开阔处活动。

食性：食物主要为昆虫，尤其喜欢吃毛虫。

繁殖：不自营巢，将卵产于东方大苇莺等其他鸟种的巢中，由义亲代为孵化育雏。

相似种识别：黄色的眼睛（虹膜和眼圈好似“双眼圈”）是其区别于其他相似形态杜鹃的主要特征。和四声杜鹃比，大杜鹃下体斑纹更细密，叫声也明显与四声杜鹃不同。

编者提示：大杜鹃俗名布谷鸟，繁殖季节常能见到东方大苇莺合作驱赶大杜鹃。卵寄生成功后，可见东方大苇莺孵化大杜鹃的卵，喂养比自身大许多的大杜鹃雏鸟情景。北京城市公园及郊野有芦苇丛的水域可见，奥森公园南园易见。

幼鸟

灰鹤

Grus grus

Common Crane

分类：鹤形目，鹤科。

生态类群：涉禽。

居留状况：旅鸟（3 月至 4 月，11 月上旬至 12 月中旬）、冬候鸟（11 月至翌年 3 月）。

体长：100~137 厘米。

特征描述：大型涉禽。喙、颈、后肢均长，全身大部分为灰色，嘴青色，头顶皮肤裸出呈鲜红色，眼后方、耳羽和颈侧灰白色，眼先、枕、颊、喉、前颈和后颈灰黑色。

习性：鸣声为清亮的“咕喽——咕”。常结小群，有一只警戒，一有动静，立刻长鸣，全体振翅飞翔。迁徙时可达几十只，排成“一”字或“人”字形。飞时头、颈伸直，脚向后伸。休息时常一只脚站立，另一只脚收于腹部。

生境：栖于平原、草原、农田、湖泊、沼泽、水库等，在浅水区活动。越冬期，可集成千余只的大群在收割的玉米地觅食或在栖地上空盘旋飞翔。

食性：植物嫩芽、根茎、种子、软体动物、小鱼、虾、蛙类等。

繁殖：每窝产卵 2 枚，卵褐色或橄榄绿色，有红褐色斑，双亲轮孵 28~30 天。早成雏，出壳当日可站立跟随亲鸟游荡觅食。

相似种识别：与白枕鹤的区别是白枕鹤个大，面颊为红色，且头枕部为白色，与深色的前颈部界限明显。

编者提示：北京地区最易见的鹤类，多见于北部水库湿地，在北京地区的越冬群可超过千只。

幼鸟

夜鹭

Nycticorax nycticorax
Black-crowned Night-heron

分类：鹈形目，鹭科。
生态类群：涉禽。
居留状况：夏候鸟（3月下旬至11月下旬）、旅鸟，偶见冬候鸟。
体长：50~62厘米。
特征描述：灰色的小型鹭类。体形较粗胖，上体黑灰色，枕部有2~3枚长带状白色饰羽，极为醒目。嘴黑色，颈较短，下体白色，脚和趾黄色。雌雄羽色相近，幼鸟全身深褐色，上体有白色斑点（可区别于池鹭幼鸟），胸腹部有纵纹。
习性：叫声粗犷，喜边飞边叫。白天集群站立于树冠等隐僻处，有时单腿站立，身体呈驼背状。喜傍晚后活动、觅食。
生境：平原和低山丘陵地区的溪流、水塘、江河和水田地。
食性：鱼类、软体动物、水生昆虫等。
繁殖：在高大树上营巢，巢为浅盘状，由枯枝、草茎构成，多结群巢。每窝产卵3~5枚，卵蓝绿色，雌雄轮流孵化，21~22天出雏，晚成雏，双亲抚育，幼鸟30多天离巢。
相似种识别：和其他鹭类相比，夜鹭个体较小，颈短，体粗胖，较易识别。和体羽相近的绿鹭相比，绿鹭颈部较细，下体不是白色，夜鹭上体灰色较浅，虹膜红色。幼鸟体羽颜色与池鹭幼鸟及非繁殖羽相近，池鹭幼鸟上体有黄褐色纵纹。

编者提示：夜鹭俗名黑哇、灰洼子、夜洼子，近年在北京的冬候种群数量有所增加。

苍鹭

Ardea cinerea
Grey Heron

分类：鹈形目，鹭科。
生态类群：涉禽。
居留状况：夏候鸟、旅鸟、冬候鸟。
体长：94~99.5 厘米。
特征描述：大型灰白色鹭类，嘴、颈、后肢均长，显得身体细瘦。繁殖羽上体灰色，头顶及头顶两侧有黑色羽毛延长成冠羽。下体白色，头颈亦为白色，前颈有数条黑色纵纹。成鸟非繁殖羽及幼鸟羽毛灰色更多。雌雄羽色相似。
食性：吃鱼、蛙、昆虫等。
习性：常单独活动，有在浅滩、浅水处久立等待捕捉食物的习性，俗称“长脖老等”。休息时常成群站立。飞行时，颈常成 S 形，两脚向后伸直，明显长于尾后。
生境：滩涂、溪流、湖泊、水库、鱼塘、稻田等湿地。
繁殖：在近水处的山岩、乔木林冠、倒伏芦苇丛等处用枯枝干草等筑巢。每窝产卵 2~7 枚，一般 3~4 枚，卵淡蓝色，雌雄轮流孵卵，24~26 天出雏。
相似种识别：苍鹭与草鹭的主要差别是草鹭羽色整体偏棕黄色，苍鹭偏灰色。

编者提示：苍鹭俗名长脖老等、灰鹭、青桩，近年在北京地区种群数量有所增加，城市上空可见其飞过。城市公园中奥森公园南园易见，公园主湖奥海苇地南侧有成群苍鹭在围栏上休息。翠湖国家城市湿地公园有集群繁殖的苍鹭。

白腰杓鹬

Numenius arquata
Eurasian Curlew

分类：鸻形目，鹬科。
生态类群：涉禽。
居留状况：旅鸟。
体长：57~63 厘米。
特征描述：大型涉禽。体色以棕色为主，嘴很长且下弯，雌性的嘴更长，颈部、胸部密布黑色纵纹。腰部及尾下为白色，飞翔时更加明显。
习性：常结小群活动。行走时步态稳重，遇惊即刻飞走，飞行有力，扇翅较慢。
生境：森林、平原的各种水域，冬季常在海滨、河口等处。
食性：主要食甲壳类、软体动物、蠕虫、昆虫及昆虫幼虫等无脊椎动物，也吃其他小型脊椎动物。多在滩涂上边走边将嘴插入泥中探觅食物。
繁殖：4 月末进入繁殖期，营巢于各种水域环境附近的干燥地面。巢简陋，常做一浅坑，巢材由枯草构成。每窝产卵 4 枚左右，孵化期约 29 天。
相似种识别：白腰杓鹬与大杓鹬及中杓鹬的区别是大杓鹬嘴更长，下弯更明显，整体颜色偏黄，下腹有暗褐色条纹，腰部无白；白腰杓鹬下腹部、尾下覆羽较白且无斑纹，有白腰；中杓鹬体小，嘴长是头长的 2 倍，白腰杓鹬嘴长是头长的 3 倍。

编者提示：白腰杓鹬俗名麻鹬，相比于其他几种杓鹬，迁徙季白腰杓鹬在北京较易见。

雌♀

（见第121页）

红脚隼（雄）

Falco amurensis
Eastern Red-footed Falcon

分类：隼形目，隼科。

生态类群：猛禽。

居留状况：旅鸟、夏候鸟。

体长：♂ 25.5~29.5 厘米，♀ 26.8~29.2 厘米。

特征描述：小型隼类。雄鸟通体暗石板灰色，尾下覆羽锈红色；腋羽和翼下覆羽白色。雌鸟见第 121 页。

生境：栖息于低山的林缘、山脚平原、沼泽、草原、山谷、农田等开阔地带。

食性：主要以蝗虫、蚱蜢、蝼蛄、蟋蟀、金龟子等昆虫为食，也吃蜥蜴、蛙、鼠类和小型鸟类。

繁殖：繁殖期为 5 月至 7 月，营巢于高大乔木上，有时也侵占喜鹊等其他鸟的巢。每窝产卵 4~5 枚，亲鸟喂养 27~30 天后，幼鸟离巢。

相似种识别：红脚隼雌鸟及幼鸟和燕隼相近，但颜色较淡，腹部斑纹较细，翅短尾长。燕隼脸部髭斑较重，脚为黄色而非红色。

编者提示：红脚隼又叫阿穆尔隼，俗名青燕子、红腿燕子。雄成鸟通体铅灰色，红眼圈、红色蜡膜、红脚，飞翔时翼下黑白对比明显，不易认错。观察时注意雌鸟的辨认。

楔尾伯劳

Lanius sphenocercus

Chinese Grey Shrike

分类：雀形目，伯劳科。

生态类群：鸣禽。

居留状况：冬候鸟、旅鸟。

体长：24.5~31 厘米。

特征描述：大型的灰、黑及白色伯劳。头部有较宽的黑色贯眼纹，上体暗灰色，翅黑色，有大型白色翅斑。尾黑色，除中央一对尾羽外，其余尾羽有白色尖端，越向外白色尖端越大，最外侧 3 对尾羽白色。下体白色，微沾粉色。

习性：常单独或成对出现，有时也结 3~5 只小群。生性比较活泼。捕捉猎物时，直线飞行，速度不是很快。叫声粗犷、响亮，繁殖期会鸣啭。常将猎物穿挂在树木的尖刺或铁丝网的突刺上。

生境：栖息于低山丘陵、平原、农田、荒漠、树林稀疏处的开阔地区，水边稀树或灌丛中较常见。

食性：以昆虫和小型脊椎动物为食。

繁殖：5 月进入繁殖期，营巢于树上。巢呈杯状，以枯枝、枯草叶茎、兽毛、鸟羽等为巢材。每窝产卵 5~7 枚。

相似种识别：似灰伯劳，但两翼有粗的白色斑块，且体形比灰伯劳大。

编者提示：楔尾伯劳俗名寒露儿、长尾灰伯劳，是伯劳中体形较大的鸟类。郊区容易见到，在野外遇到时可持续观察，其一般在地面捕食，并且喜欢反复停在固定位置搜索猎物。

黑头䴓

Sitta villosa

Chinese Nuthatch

分类：雀形目，䴓科。

生态类群：鸣禽。

居留状况：留鸟。

体长：9.6~11.6 厘米。

特征描述：小型鸣禽。雄鸟头顶、枕部至后颈亮黑色，有显眼的白色眉纹，眼先、眼后和耳羽黑褐色，背至尾灰蓝色，脸颊、头侧、颏、喉污白色，其余下体灰棕色或浅棕黄色。雌鸟头顶黑褐色，眉纹污白色，上体颜色较雄鸟稍淡，下体颜色亦比雄鸟浅，为淡棕黄色。

习性：性活泼，行动敏捷，能沿树干垂直向上或向下攀爬，也能沿树干做螺旋形的上下攀缘，可边攀行边啄木，啄取树皮缝隙和表层中的昆虫，喜啄食松子。

生境：主要栖息于山地针叶林和针阔混交林中。

食性：主要以昆虫为食，兼食植物种子。

繁殖：繁殖期 5 月至 7 月，营巢于环境开阔、阳光充足、富有老龄树木的针叶林和以针叶树为主的混交林中，在树洞中营巢。每窝产卵 4~9 枚，卵白色，有朱红色斑点。

相似种识别：与普通䴓羽色相似。普通䴓头顶颜色与身体一致，而黑头䴓体形略小，头、枕为黑色。

编者提示：黑头䴓俗名贴树皮。䴓科鸟类是世界上唯一能够在树干上头朝下攀行的鸟类。黑头䴓形象可爱，主要分布在我国北方中东部地区，朝鲜半岛及俄罗斯亦有分布。

灰椋鸟

Spodiopsar cineraceus
White-cheeked Starling

分类：雀形目，椋鸟科。
生态类群：鸣禽。
居留状况：旅鸟、冬候鸟，少数为夏候鸟，近年来部分种群成为留鸟。
体长：22~24.1 厘米。
特征描述：中型鸣禽。全身灰褐为主，头前、头侧白色，头顶、颈黑色（老龄个体头顶白色），有矛状羽冠。嘴橙红色，翅尖长，飞羽有白色羽缘，尾羽短平呈截状，尾上覆羽白色，下体羽、颏尖、尾下覆羽纯白。脚橙黄色，强壮，善走。
习性：冬季喜结群在地上行走啄食，叫声嘈杂。
生境：栖息于丘陵地带、平原地区或城市绿地。
食性：繁殖期主食昆虫，如鳞翅目幼虫、螟蛾幼虫、蚂蚁、虻、胡蜂、蝗虫、叶甲、金龟子、象鼻虫等鳞翅目、鞘翅目、直翅目、膜翅目和双翅目昆虫。也食植物果实、杂草种子等。
繁殖：营巢于高大树木主干向阳处或电线杆顶端的洞穴中，或利用啄木鸟旧洞穴。卵深鸭蛋绿色，孵化期 12~13 天。
相似种识别：比丝光椋鸟、北椋鸟（北京地区不常见）整体颜色深。北椋鸟嘴铅灰色，丝光椋鸟嘴的颜色与灰椋鸟相似，但头部污白色，且身体颜色偏浅。与鸫科鸟类体形近似，但橙红色喙特征明显，同时灰白色脸颊也有别于鸫类。

编者提示：灰椋鸟俗名高粱头，是北京地区常见的椋鸟，常成群活动，飞翔时翅呈三角形，腰部白色明显。

繁殖羽

非繁殖羽

红喉姬鹟

Ficedula albicilla
Taiga Flycatcher

分类：雀形目，鹟科。
生态类群：鸣禽。
居留状况：旅鸟（5月上旬至5月下旬，9月上旬至9月下旬）。
体长：12~13.2 厘米。
特征描述：小型鸣禽。上体羽灰黄褐色，尾羽黑褐色，外侧4 枚尾羽基部白色，展开尾羽时极易识别。春季，雄鸟颏喉部橙黄色明显。虹膜暗褐色，嘴和脚均为黑色。雌鸟和非繁殖期雄鸟喉部为白色。
习性：栖息于树林、灌丛中。性活泼，但胆小。常停留在树冠顶枝上，见昆虫飞过，突然起飞捕猎，然后返回原来栖息的树枝上。也常从树枝上飞至地面捕食昆虫。常发出“吱——”的叫声，同时将尾羽展开。
生境：栖息于树林、灌丛中。
食性：喜食昆虫，如蛾类、金龟子、蜻象、叩头虫等。
繁殖：营巢于树上或树洞中。巢由枯草茎、苔藓和兽毛编织成深杯状。每窝产卵 4~7 枚。
相似种识别：繁殖期雄鸟有明显的橙黄色喉部，这是其重要识别特征，也是其中文名称由来。在北京地区，其他相近鸟种北灰鹟或乌鹟均没有橙黄色喉部，以及尾羽基部的白斑。

编者提示：俗名黄点颏儿。注意只有雄性并且只在繁殖期时喉部为橙黄色，个别雄鸟秋季喉部可有橙黄色。野外观察注意其喜翘尾的行为习性，以及辨识度较高的鸣叫声。

灰鹡鸰

Motacilla cinerea
Grey Wagtail

分类：雀形目，鹡鸰科。

生态类群：鸣禽。

居留状况：夏候鸟（4 月下旬至 10 月中旬）、旅鸟（4 月至 6 月，9 月至 12 月）。

体长：17~19.8 厘米。

特征描述：小型鸣禽。雄鸟白色眉纹明显，头顶灰色，上体羽灰色为主，尾长，腰部鲜黄色，中央尾羽黑褐色，翅黑褐色有白缘，颏部黑色（秋冬为黄白色），下体余部呈鲜黄色。雌鸟类似雄鸟，但颏部为白色，体羽不如雄鸟鲜艳。

习性：雄鸟叫声有时似山雀。常与白鹡鸰混群活动觅食。尾羽常上下打动。

生境：栖息于水域附近沼泽草地、岸边或砾石间。

食性：主要以昆虫为食。

繁殖：在石缝中用草根、枯叶、树皮、细枝筑皿形巢，内垫大量兽毛。

相似种识别：灰鹡鸰与黄鹡鸰的区别是灰鹡鸰上背灰色，而黄鹡鸰上背橄榄绿或橄榄灰色，眉纹黄色。灰鹡鸰脚粉灰色，黄鹡鸰脚黑色。灰鹡鸰下体两头黄中央色浅，黄鹡鸰下体黄色均匀。 白鹡鸰幼鸟身上的黑色部分通常发灰，易与灰鹡鸰混淆，但白鹡鸰没有黄色的腹部。

编者提示：灰鹡鸰俗名马兰花儿、黄鹡鸰，灰鹡鸰和白鹡鸰都是北京地区常见的鹡鸰，习性与生活环境也近似，常混群。

雄♂
雌♀

黑尾蜡嘴雀

Eophona migratoria
Chinese Grosbeak

分类：雀形目，燕雀科。

生态类群：鸣禽。

居留状况：夏候鸟（3 月中旬至 10 月上旬）、旅鸟，近年部分种群成为留鸟。

体长：18.5~20.5 厘米。

特征描述：雄鸟头黑色并有金属光泽，嘴粗大厚实，色蜡黄，脚黄褐色。后颈、背部及腰灰褐色，尾羽黑色，略呈凹形，翅黑色，初级、次级及三级飞羽末端白色，形成白色翅尖，下体浅褐，胁部棕红色。雌鸟头部颜色与上体相同，呈灰褐色，飞羽和尾羽黑色，但色稍浅。

习性：雄鸟繁殖期有响亮悦耳的歌声。

生境：常见于林缘和开阔的稀疏林地。

食性：以昆虫哺育雏鸟，通常取食植物种子、浆果等植物性食物。

繁殖：营巢于较大阔叶树树干。5月至6月繁殖，每窝产卵3~4 枚。

相似种识别：黑尾蜡嘴雀雄鸟与黑头蜡嘴雀雄鸟的区别在于黑尾蜡嘴雀头部黑色区域更大，两胁橙黄色，翅尖有白色。

编者提示：黑尾蜡嘴雀俗名皂儿（雄鸟）、灰儿（雌鸟），北京城区公园、郊区易见。

雄♂
雌♀

赤麻鸭

Tadorna ferruginea
Ruddy Shelduck

分类：雁形目，鸭科。
生态类群：游禽。
居留状况：旅鸟、冬候鸟（10 月至翌年 3 月）。
体长：51~68 厘米。
特征描述：中型游禽。全身黄褐色，翅上有明显的白色翅斑和铜绿色翼镜。飞行时可见翅尖黑色，翅下白色，对比明显。嘴、脚、尾黑色。雄鸟在繁殖季节颈基部有一窄黑色领环。雌鸟体色稍淡，颈基部无黑色领环。
习性：结群迁飞，栖息水面时常与其他水鸟混群。善游泳而少潜水。黄昏到水田、耕地觅食，早晨返回白日宿地。性机警，不易接近。飞行可成直线或“一”字形横排，边飞边鸣。
生境：分布于江河、池塘等水域。
食性：以水草、昆虫及软体动物为主要食物。
繁殖：巢建于地面天然洞穴（如土洞、石穴）中，巢粗糙。每窝产卵 6~13 枚，卵污白色，雌鸟孵化，27~29 天出雏，雏鸟早成性。
相似种识别：赤麻鸭雌雄鸟羽色相似，与其他雁鸭差异明显，不易混淆。

编者提示：俗名黄鸭。在北京地区秋冬季常见于开阔水面，城市公园偶见。喜集群，可见数十至数百只大群聚集。北京密云水库周边农田，冬季曾有几百只甚至上千只的赤麻鸭集群栖息。

黄斑苇鳽

Ixobrychus sinensis

Yellow Bittern

分类：鹈形目，鹭科。

生态类群：涉禽。

居留状况：夏候鸟（5 月至 10 月）、旅鸟。

体长：30~37 厘米。

特征描述：小型涉禽。黄褐色苇鳽，颈较长，头顶及飞羽铅黑色，飞羽和尾羽黑色。展翅时，翼上黑色和黄色对比明显。雌雄鸟相似，但雌鸟头顶为栗褐色。幼鸟上体缀有深褐色纵纹，下体黄白色，有深褐色或黄褐色纵纹。

习性：鸣声为“啊——”，尖而清，微带颤音。遇惊时常头颈伸直，嘴尖朝天，纹丝不动，宛如一丛枯草，借以避敌。

生境：栖于蒲丛、苇丛等挺水植物成片的水域或荷塘。

食性：主要食小鱼及其他水生动物。

繁殖：在浅水区的芦苇丛中营巢，用苇叶在几株苇茎之间弯折搭编成台巢，较隐蔽。每窝产卵 3~6 枚，卵白色或浅绿色。

近似种识别：该鸟在鳽类中最为常见，辨识度较高，飞行时注意与紫背苇鳽的区别，两者都有黑色飞羽，但黄斑苇鳽翅上覆羽黄色。紫背苇鳽翅上覆羽淡橄榄灰黄色，背褐紫色，展翅时飞羽与翅上覆羽对比没有黄斑苇鳽明显。

编者提示：黄斑苇鳽又叫黄苇鳽，俗称小水骆驼，因其栖止时头颈缩回犹如驼背。在有芦苇丛的城市公园中易见。繁殖早期飞落芦苇丛时常快速隐没，不易见到，育雏时会频繁飞出觅食，观察时注意它们飞行的舒缓姿态与羽色。

戴胜

Upupa epops
Eurasian Hoopoe

分类：犀鸟目，戴胜科。

生态类群：攀禽。

居留状况：夏候鸟、冬候鸟（5月至8月，10月至翌年3月）、旅鸟。

体长：24.5~31.2 厘米。

特征描述：中小型攀禽。头顶有明显的棕色羽冠，冠羽先端黑色，靠近头后的冠羽有白色次端斑。上体羽棕色，下背羽杂以淡棕色和白色宽阔横斑。腰部白色，尾羽黑褐色，近中部横贯一道宽阔的白色横斑带，翅有黑白相间横斑，嘴黑色，细长而向下弯，脚铅褐色。下体从前至后淡棕色渐淡。

习性：常单独活动，鸣声较洪亮。边在地面行走边鸣叫，冠羽一起一收。用长嘴探入地面松土中觅食。飞行速度较慢。

生境：栖于广阔的平原和山地。

食性：以蝼蛄、蛴螬等土壤昆虫及蚯蚓、小软体动物为食。

繁殖：营巢于树洞或岩石缝隙中。巢材由枯草、细树枝、羽毛等构成。每窝产卵 5~9 枚，卵长圆形，浅鸭蛋青色，雌雄轮流孵化，18 天左右出雏。育雏期巢窝臭气冲天。

相似种识别：特征极其明显，中国境内本科仅有 1 种。飞翔时，翅较圆，体色黑白棕黄明显。

编者提示：戴胜俗名臭姑鸪、花蒲扇，亲鸟不清理鸟巢，还会通过尾脂腺分泌有腐肉味的油脂，故育雏期巢中臭气冲天，这也许是其保护雏鸟的独特方式。

幼鸟

黄腹山雀

Pardaliparus venustulus

Yellow-bellied Tit

分类：雀形目，山雀科。

生态类群：鸣禽。

居留状况：夏候鸟、旅鸟（4 月下旬至 10 月中旬），少量冬候鸟。

体长：8.8~10.8 厘米。

特征描述：小型鸣禽。下体黄色，翅上两排白色斑点，嘴较短、黑色。雄鸟头、颏至上胸黑色，颊部及颈后斑点白色，上体蓝灰，腰银白。雌鸟似雄鸟，但体羽黑色部分为黄绿色替代。幼鸟似雌鸟，但绿色和黄色部分略鲜艳。

习性：雄鸟常发出“吁吁点儿，吁吁吁”的叫声，歌声多种，有“吁根儿，吁根儿”和“吁嘎吁根儿吁，吁嘎吁根儿吁”等。

生境：栖息于山地森林，春秋可及平原。

食性：喜食昆虫，兼食植物种子。

繁殖：巢筑于海拔 1000 米的中山地带。常在林间略开阔处掘土洞或利用旧鼠洞筑巢，用苔藓、羊毛及植物花序作为巢材。每窝产卵 4~6 枚，卵粉白色，缀以褐色斑点。

相似种识别：与北京分布的几种山雀区别明显，不易混淆。

编者提示：黄腹山雀俗名点儿，迁徙季可见结群活动于树冠丛中，飞时尾短，显得体小。黑头鳾虽尾也短，但嘴较长，且不结群，善独行。

雄♂
雌♀

文须雀

Panurus biarmicus

Bearded Reedling

分类：雀形目，文须雀科。

生态类群：鸣禽。

居留状况：冬候鸟（10月中旬至翌年3月），近年有夏候记录。

体长：15.5~18.5 厘米。

特征描述：小型鸣禽。体形纤小细长，上体羽为淡赭黄色，雄鸟头灰色，在眼下方有黑色髭纹，鼻孔完全被须羽掩盖。雌鸟及幼鸟头部土黄色，无髭纹。

习性：鸣叫声近似“吱、吱”声，声音细而急促。经常不停地展翅振尾，动作敏捷，不时在苇丛间上下蹦跳，甚为活跃。

生境：喜结群栖息于芦苇丛中。

食性：在冬季主要以芦苇种子、杂草籽为食，偶尔吃少量昆虫。

繁殖：繁殖期营巢于芦苇丛中。每窝产卵 5~12 枚，由雌、雄鸟轮流孵卵，孵卵期为 12~13 天，雏鸟 9~12 天后发育成幼鸟，离巢飞出。

相似种识别：很少被错认的似鸦雀鸟类，其嘴比鸦雀纤细。

编者提示：文须雀俗名文须鸟、髭雀、文须山雀、龙凤鸟、龙凤雀，是北京地区少有的长相滑稽可爱的鸟类，深受追捧。雄鸟夸张的黑色胡须（髭纹）尤为有特色，并以此得名。

雌♀

（见第151页）

白眉姬鹟（雄）

Ficedula zanthopygia
Yellow-rumped Flycatcher

分类：雀形目，鹟科。
生态类群：小型鸣禽。
居留状况：夏候鸟（5 月上旬至 9 月上旬）、旅鸟。
体长：12.2~13.6 厘米
特征描述：小型鸣禽。雄鸟上体大部分为黑色，眉纹白色，延伸到眼后上方，腰部鲜黄色。下体鸭蛋黄色。雌鸟见第 151 页。
习性：性胆怯。在北京地区多见于 5 月上旬，雄鸟站立在树冠顶端突出枯枝上。鸣叫声优美，婉转动听。
生境：栖于山麓丘陵附近的果园、树林，平原地区较罕见。
食性：食昆虫，如蝶、蛾、蜂、蟒象、金龟子等。
繁殖：繁殖期为 5 月至 6 月。巢置于天然树洞或啄木鸟弃用的洞穴中，洞口一般向阳，距地面 3~7 米。巢呈半球形，用枯草、细根、苔藓、枯叶片、纤维、残羽等柔软物质筑成，结构疏松。每窝产卵 4~5 枚，卵呈粉黄色，缀淡赭和橙红色斑点。
相似种识别：其与黄眉姬鹟体形和羽色高度类似，但黄眉姬鹟雄鸟的眉纹为橙黄色，白色翼斑也不明显。黄眉姬鹟在北京为偶见旅鸟，而鸲姬鹟雄鸟在眼后上方有一白斑（短眉纹）。

编者提示：白眉姬鹟俗名鸭蛋黄儿、三色鹟，因其雄鸟鲜艳的亮黄色胸腹部和以黑白黄为主的体色而得名。北京地区中低山环境可见繁殖，如国家植物园。

幼鸟

金翅雀

Chloris sinica

Oriental Greenfinch

分类：雀形目，燕雀科。

生态类群：鸣禽。

居留状况：留鸟。

体长：12.2~14.5 厘米。

特征描述：小型鸣禽。雄鸟体色主要为黄绿色，眼周和眼先黑褐色，头、颈、喉近褐灰色，仅眉纹、前额、颊侧微沾黄绿色。背部暗栗褐色，翅黑色，有黄斑，尾羽基部黄色，端部黑色，下体多为黄色，嘴和脚浅肉色。雄鸟头顶灰褐色更浓重。雌鸟与雄鸟相似，色稍浅淡。

习性：雄鸟常发出“呤，呤，呤，呤……”的叫声，也能发出音叉般连续的颤音。

生境：栖于平原及山地森林。

食性：喜食草籽和谷物，育雏时食昆虫。

繁殖：5 月至 6 月营巢于松树、杉树或果树上，巢呈碗状。一般每窝产卵 4 枚，卵近绿白色，卵重 1.5 克。

相似种识别：体形（轮廓）和嘴形与黑尾蜡嘴雀雌鸟近似，但黑尾蜡嘴雀没有金色翅斑，而且体形明显更大。

编者提示：金翅雀俗名金翅儿，是北京地区常见雀鸟，喜集群。常站立在树顶干枝上，发出金属音色的鸣叫声。幼鸟色浅，下体有深色纵纹。飞翔时，易看到翅上的黄斑。

雌♀
雄♂

灰头绿啄木鸟

Picus canus

Grey-faced Woodpecker

分类：啄木鸟目，啄木鸟科。

生态类群：攀禽。

居留状况：留鸟。

体长：26.5~31.1 厘米。

特征描述：中型攀禽。雄鸟全身羽色以土绿色为主，头大部分为灰色，头顶前部、额部辉红色，眼先、颊纹黑色，虹膜颜色粉色，嘴黑灰色。飞羽上有暗褐色横斑，中央尾羽黑褐色，羽缘亮黄色，下体羽以灰绿色为主。2、3 趾朝前，1、4 趾朝后，形成对趾足，便于在树干上攀缘。脚灰绿色。雌鸟体羽羽色不如雄鸟鲜艳，头上无红色斑。

习性：繁殖期雄鸟炫耀时常以嘴连续疾速敲打树干，有时也发出尖亮的“嘎，嘎，嘎……”声，5~7声，一声比一声低。夏季常栖于山林间，冬季迁移到平原附近的树林间。沿直线波浪状飞行前进。在树干上沿“S”形螺旋向上攀爬。

生境：栖于山林间或平原附近的树林间。

食性：吃昆虫、蚂蚁，兼吃植物性食物。

繁殖：营巢于树干上，以嘴凿筑洞巢。每窝产卵 4~5 枚，卵白色，光滑无斑，雌雄轮流孵卵，12~13 天出雏。

相似种识别：这是北京地区最大的常见啄木鸟留鸟，体色和体形都不易与其他啄木鸟混淆。

编者提示：灰头绿啄木鸟俗名绿锛打木，是北京地区唯一以绿色为主的啄木鸟，灰头绿啄木鸟常到地面活动和觅食。

幼鸟

白头鹎

Pycnonotus sinensis

Light-vented Bulbul

分类：雀形目，鹎科。

生态类群：鸣禽。

居留状况：留鸟。

体长：16~22 厘米。

特征描述：小型鸣禽，头顶黑色带光泽，眼后向枕部形成一白环，耳羽前黑褐色，后部污白色。上体橄榄绿及褐灰色，有暗色纵纹，尾和翅暗褐色并橄榄绿色。喉部白色，胸前有明显的淡灰褐色横带，其余下体污白色，有不明显纵纹。雌雄鸟体羽相似，幼鸟头灰无白。

习性：一般结 3~5 只或 10 多只的小群活动。多在小树或灌木上活动，性活泼，一般不做长距离飞行。善鸣叫。

生境：栖息于海拔 1000 米以下的低山丘陵的灌丛、草地、果园、农田，以及树林和林缘地带。城市公园和社区也很常见。

食性：杂食性（浆果、种子、昆虫等）。

繁殖：4 月进入繁殖期，营巢于灌丛或树木上。巢呈碗状，每窝产卵 3~5 枚。

相似种识别：因其明显的白色枕部，在北京地区不易与其他鸟种混淆，注意幼鸟枕部不是白色。

编者提示：白头鹎俗称白头翁，原为南方鸟种，近 40 年来逐渐北扩，有鸟类学家认为这是全球气候变暖的一个指标。白头鹎现已是北京地区常见的鸣禽之一，遇见率较高，在小区、公园易见。

黄眉柳莺

Phylloscopus inornatus
Yellow-browed Warbler

分类：雀形目，柳莺科。
生态类群：鸣禽。
居留状况：旅鸟（4 月下旬至 5 月，9 月中旬至 10 月中旬）。
体长：9.9~11 厘米。
特征描述：小型鸣禽。体形纤小，上体羽呈橄榄绿色，头顶部色泽稍暗，中央有一道不明显的黄绿色冠纹，眉纹淡黄绿色，眼先向后有一道褐色贯眼纹并延伸达枕部。翅上有两道黄白色的翅斑，下体羽近白色。嘴暗褐色，脚淡棕褐色。幼鸟翅斑明显而宽阔。
习性：常 3~5 只结成小群在树冠活动，搜食昆虫和虫卵，能消灭大量昆虫。
生境：常栖息于混交林或阔叶林内。
食性：食昆虫和虫卵。
繁殖：夏季自西伯利亚南抵阿富汗东北部、喜马拉雅山脉西北部和我国东北、西北、西南部等地繁殖。
相似种识别：黄眉柳莺与北京地区常见的黄腰柳莺、淡黄腰柳莺、淡眉柳莺的区别是黄眉柳莺眉纹淡黄偏白，无明显顶冠纹和黄腰；淡眉柳莺喙几乎全为褐色，跗跖近黑色，常见生境有所不同。与极北柳莺等的区别是黄眉柳莺个体小，上体较鲜亮，翅斑较醒目且三级飞羽羽端为白色。

编者提示：黄眉柳莺俗名柳串儿、柳叶儿，是北京地区最常见的柳莺。其常在树枝间不停跳动，不停鸣叫。

黄腰柳莺

Phylloscopus proregulus
Pallas's Leaf Warbler

分类：雀形目，柳莺科。
生态类群：鸣禽。
居留状况：旅鸟（4 月中旬至 5 月下旬，8 月下旬至 10 月下旬），近年有少量冬候记录。
体长：8~10.5 厘米。
特征描述：小型鸣禽。体形纤小，上体羽橄榄绿色，腰部黄色，头顶中央有淡黄绿色的冠纹，翅上两道黄绿色横斑明显，上嘴黑褐色，下嘴基部淡黄褐色，脚淡褐色。雌雄相似。
习性：鸣叫声洪亮，似“吱，吱，吱油”或“嘀唯，嘀——唯”等很多音节，鸣唱成段，婉转动听。经常与其他柳莺混群活动。通常在树枝顶端悬停飞行，来回穿梭跳跃，利用煽动寻找飞出的昆虫啄食（可听到捉虫夹嘴的响声）。
生境：栖息于阔叶林或针叶林中。
食性：嗜吃蚜虫等众多小型昆虫。
繁殖：5 月至 7 月繁殖。树枝上营巢，巢呈圆球形，侧部开口，巢材有地衣、苔藓、树皮纤维、枯草等。每窝产卵 3~6 枚。
相似种识别：黄腰柳莺眉纹黄色，先端橘黄色向后转为柠檬黄，且后端更粗。

编者提示：黄腰柳莺俗名柳串儿，是迁徙季节北京常见的柳莺，该鸟体形很小，且体态短胖，十分可爱。腰部明黄色是它的特征之一，但站在地面往上方观察时不易看到。野外观察时注意其中央冠纹通到嘴基，眉纹、翼斑更显黄。

戴菊

Regulus regulus
Goldcrest

分类：雀形目，戴菊科。
生态类群：鸣禽。
居留状况：旅鸟、冬候鸟（10 月上旬至翌年 4 月上旬）。
体长：9.2~10.5 厘米。
特征描述：小型鸣禽。体形纤小，嘴细尖，黑褐色。头顶有鲜艳的金黄色冠羽，雄鸟的冠羽中央为橘红色。上体橄榄色，翅上有两道明显的白色翅斑。虹膜暗褐色，眼周羽色污白，形成明显的白眼圈。脚暗褐色。
习性：鸣叫声尖细而清晰，叫声像“吁吁，吁吁”。繁殖期有复杂的鸣啭叫声。
生境：栖息于针叶树林中。
食性：嗜食昆虫，能消灭大量害虫及其虫卵。
繁殖：营巢于针叶树上。每巢产卵 4~6 枚，由雌鸟孵卵，孵化期 14~17 天，育雏期 16~21 天。
相似种识别：体小似柳莺，但头顶的黄色羽冠和黑色侧冠纹，再加上眼周的白色，使其不易与柳莺混淆。

编者提示：俗名吁吁花儿，源于其叫声和头顶的金黄色羽冠。头顶的金黄色冠羽受惊时会散开，像盛开的菊花，故得名。秋冬季和早春，北京地区有针叶树林的城市公园均可见。

树鹨

Anthus hodgsoni
Olive-backed Pipit

分类：雀形目，鹡鸰科。
生态类群：鸣禽。
居留状况：旅鸟，少数为冬候鸟（9月上旬至翌年5月中旬）。
体长：14~17 厘米。
特征描述：小型鸣禽。上体橄榄绿色，稍具斑纹，下体棕白色，胸及两胁黄色并有黑褐色粗纵纹。眉纹黄白色，耳羽有一黄白色斑，颊、喉白色或棕白色，尾羽黑褐有灰绿羽缘。上嘴黑褐色，下嘴肉粉色，先端黑褐色，脚淡肉褐色。
习性：常在地上疾走觅食，受惊急飞至树上。喜上下摆尾。雄鸟繁殖期鸣声婉转动听。
生境：栖息于树林及其附近草地。
食性：食物主要为昆虫，冬季亦兼食杂草种子。
繁殖：6 月至 7 月营巢于林间草地，巢呈浅皿状。每窝产卵 3~5 枚。
相似种识别：树鹨上背部纵纹较少，有别于其他鹨类。树鹨和黄腹鹨非繁殖羽相似，树鹨耳羽后有一白色斑块，黄腹鹨没有。树鹨和水鹨的主要区别是水鹨非繁殖羽色浅，胸前纵纹浅淡而少。

编者提示：树鹨俗名油松儿、麦如蓝儿、木鹨，迁徙季较多在林间空地活动觅食。整体橄榄绿色比其他鹨类更明显。观察时注意耳羽后的白斑。

雄♂

雌♀

普通翠鸟

Alcedo atthis

Common Kingfisher

分类：佛法僧目，翠鸟科。

生态类群：攀禽。

居留状况：留鸟、夏候鸟。

体长：15.3~17.2 厘米。

特征描述：小型攀禽。嘴直而尖长，额、头顶、后颈呈暗蓝绿色，遍布鲜艳的翠蓝色狭细横斑，颊部、耳羽区棕栗色，耳后各有一明显白斑。上体羽呈金属般翠蓝色光泽，尾羽短小，飞羽黑褐色，表面带暗绿蓝色。颏、喉部纯白，下体其余部分栗棕色。嘴黑色，雌鸟下嘴基部暗红色，脚朱红色。

习性：常单独立于林间溪流、池塘、河岸处的低矮横枝上等待鱼儿游过，或沿水面直线低飞，注视水面，一旦发现有小鱼、虾等便直扑入水，有时也悬停于水面上空半米左右，急鼓双翼，紧盯鱼迹。一旦捕获猎物，会先返回栖息处，摔打猎物至昏死，调整猎物体位，再整只吞食。

生境：溪流、池塘、河岸。

食性：小鱼、虾、昆虫等。

繁殖：繁殖期建巢于河岸等处的土壁中，为隧洞巢。巢材选用大量的鱼骨等。每窝产卵 4~10 枚，卵白色，光滑无斑。雌雄轮流孵卵，孵化期约 20 天，雏鸟晚成。

相似种识别：北京地区没有与之相近的其他翠鸟。

编者提示：普通翠鸟俗名小翠鸟、翠雀儿、鱼虎、鱼狗、打鱼郎、钓鱼郎、刁鱼郎。捕鱼和求偶期的活动极具观赏性。

红嘴蓝鹊

Urocissa erythroryncha
Red-billed Blue Magpie

分类：雀形目，鸦科。
生态类群：鸣禽。
居留状况：留鸟。
体长：51~63.4 厘米。
特征描述：大型鸣禽。头顶至后颈有一块白色条带，上背中部有浅紫灰色大斑，肩、收起的翅、尾紫蓝色，尾羽长，羽端呈黑白横斑相间状，中央尾羽羽端向腹面卷曲。下体污白染棕黄色，头、颈、喉和上胸均黑色，嘴、脚均红色。
习性：常结十余只小群。飞翔时呈滑翔方式，展开双翅和尾羽，随风飘荡，一上一下，甚为美丽。体羽鲜艳，鸣声似笛，常连续鸣叫或鸣啭，有时叫声亦粗野而喧闹。
生境：栖息于山区和山麓丘陵地带，也见于村旁耕地树上。
食性：杂食性，食蠕虫、昆虫、小型爬行类动物、雏鸟、鸟卵、植物种子、野浆果等。
繁殖：繁殖期为 5 月至 7 月，其间成对活动，营巢于树上。巢用枯枝、根须筑成，内垫细根、枯草茎、纤维等。每窝产卵 3~6 枚，雌雄轮流孵卵。
相似种识别：红嘴蓝鹊与灰喜鹊相似，比灰喜鹊尾长，红嘴红脚颜色显眼，可与灰喜鹊区别。相似种黄嘴蓝鹊北京无分布。

编者提示：红嘴蓝鹊俗名麻喜鹊、长尾蓝鹊、长尾巴练，北京地区多分布在远郊、山区，城镇不多见。近年一些城市公园，如植物园、颐和园、圆明园、奥森公园、天坛均有记录。

灰喜鹊

Cyanopica cyanus
Azure-winged Magpie

分类：雀形目，鸦科。

生态类群：鸣禽。

居留状况：留鸟。

体长：33~41.8 厘米。

特征描述：大型鸣禽。头部黑色，上体土灰褐色，双翅和尾羽灰蓝色，下体灰白色。嘴、脚均黑色。

习性：秋冬季常见十余只为一群穿梭飞行于林间。一旦受惊，迅速散开。

生境：栖息于山区的田野、村庄附近的树林，或城市及近郊公园，以及社区绿地中树木较多的地带。

食性：杂食性（吃人类丢弃的食物，也食昆虫和野生植物果实等）。

繁殖：繁殖期营巢于树木高处枝杈上。巢用枯枝筑成，杂以纤维、兽毛等作垫，巢呈平台状或盘状。5 月至 6 月产卵，每窝 5~9 枚，卵壳灰白，密布褐色斑点，孵化期 14~16 天，幼雏经哺育 18~20 天后离巢。

相似种识别：比喜鹊略小，颜色灰蓝，不易混淆。与红嘴蓝鹊相比，嘴黑色，尾稍短。

编者提示：灰喜鹊俗名山喜鹊，是北京地区最常见的鸟类之一。常见于公园绿地高大乔木较多的区域。

雌♀

（见第149页）

红胁蓝尾鸲（雄）

Tarsiger cyanurus
Orange-flanked Bush-robin

分类：雀形目，鹟科。

生态类群：鸣禽。

居留状况：旅鸟，少量冬候鸟（10 月上旬至翌年 5 月上旬）。

体长：13~15 厘米。

特征描述：小型鸣禽。雄鸟上体、尾部为蓝色，眉纹白色。喉部至胸部呈灰白色，腹部白色。胁部有明显的橘黄色斑。雌鸟见第 149 页。

习性：常单独或成对活动，有时成 3~5 只小群，尤其秋季。多在林下地上奔跑或在树木枝杈间跳跃，停歇时尾羽常上下摆动。

生境：栖于低海拔山地或平原针叶林、针阔叶混交林和灌丛地带，常见于园林果树上。

食物：繁殖期主要以甲虫、天牛、蚂蚁、尺蠖、蛾类幼虫、金龟子、蚊、蜂等昆虫为食。迁徙期除吃昆虫外，也吃少量植物果实与种子等。

繁殖：繁殖期营巢于树根间凹处或地上洞穴中。巢呈杯状，用枯草、碎叶等筑成，再用细草加固。巢内铺细草、残羽或兽毛绒等。每窝产卵 3~5 枚，主要由雌鸟孵卵。

相似种识别：雄鸟特征明显，不易与其他林鸟混淆。雌鸟与蓝歌鸲雌鸟或幼鸟的区别是两胁橘黄而非皮黄，红胁蓝尾鸲跗跖黑褐色，蓝歌鸲跗跖更长且为浅粉色。

编者提示：红胁蓝尾鸲俗名蓝尾巴根儿，是比较常见的林鸟，橘黄色两胁与白色腹臀部对比鲜明。

雌♀

（见第155页）

红尾水鸲（雄）

Phoenicurus fuliginosus
Plumbeous Water Redstart

分类：雀形目，鹟科。
生态类群：鸣禽。
居留状况：山区留鸟。
体长：12~14.5 厘米。
特征描述：小型鸣禽。雄鸟全身羽毛呈铅灰蓝色，腹部稍淡，尾羽暗栗红色，尾上覆羽和下覆羽栗红色，飞羽黑褐色或稍淡。喙和脚近黑色或黑褐色。雌鸟见第 155 页。
习性：鸣声嘹亮清脆，常边飞边叫。
生境：栖息于山川溪涧岸边或岩石间，南方池塘堤岸间也能见到。
食性：食物为水边昆虫或水生昆虫、小型水生无脊椎动物和植物种子等。
繁殖：营巢于山涧溪流旁悬崖岩石的缝隙中，巢洞口距地面约 5 米，近年在溪流上高架桥桥墩缝隙处有繁殖记录。巢材为细枯枝、苔藓、枯草、残羽等。每窝产卵 3~6 枚，卵白色带紫色小斑点。
相似种识别：红尾水鸲因其独特的羽色和习性，不易与其他鸟类混淆。

编者提示：红尾水鸲俗名铅色水鸫、石燕儿、蓝石青儿。雄鸟灰蓝色的身体和栗红色尾羽十分醒目，多见于郊外山涧溪流水边，喜单独活动。站立时不停摆动尾羽，并不时将尾羽展开。北京房山十渡流域常见。

雌♀
（见第71页）
幼鸟

环颈雉（雄）

Phasianus colchicus
Common Pheasant

分类：鸡形目，雉科。
生态类群：陆禽。
居留状况：留鸟。
体长：♂ 80~100 厘米，♀ 59~61 厘米。
识别特征：大型雉鸡类。雄鸟羽色华丽，有金属光泽，颈大部分呈金属绿色，有白色颈圈。脸部裸出，为红色，耳羽簇方形。下背和腹部大部分为蓝灰色，羽毛披散呈毛发状，尾羽长，中央尾羽最长，且有横斑，跗跖有距。雌鸟见第 71 页。
习性：鸣声为“咯咯，咯咯”，秋冬集群。脚强健，善奔跑，见人后于灌丛中奔跑极快。迫不得已时才起飞，双翅扇动发出很大的声音，飞行不能持久，多从高处向低处滑行。雄鸟有占区行为，常发出响亮的领域叫声，并用翅扇打出有节奏的声响。雄鸟相互争斗时常跃起弹击对方。
生境：栖于山地、丘陵、平原、农田、湿地等。
食性：以植食性为主，常扒食地上的种子、根及昆虫。
繁殖：营巢于枯树旁、石崖下等高处地面，刨一浅坑，垫以枯草、树叶、羽毛等。每窝产卵 6~22 枚，卵淡绿褐色，雌鸟孵化，23 天出雏，雏鸟早成性，由雌鸟带领游荡觅食。
相似种识别：雄鸟特征明显，极易识别。我国亚种较多，目前记录有 19 个亚种，北京地区分布有两个，亚种区别雄鸟明显。

编者提示：环颈雉也称雉鸡，俗名野鸡、山鸡，北京城市公园少见，奥森公园有记录。

雌♀

（见第85页）

鸳鸯（雄）

Aix galericulata
Mandarin Duck

分类：雁形目，鸭科。
生态类群：游禽。
居留状况：留鸟或旅鸟、夏候鸟、冬候鸟。
体长：38~45 厘米。
识别特征：中型游禽。雄鸟羽色鲜艳、华丽，嘴红色，脚橙黄色，头顶、额部深蓝绿色，枕部赤铜色与后颈的暗紫色和暗绿色长羽形成羽冠。眼后有宽阔的白色眉纹，颊橙黄色，下颈、背、胸暗紫褐色，翅上有一对橙黄色羽毛像帆一样立于后背，非常醒目，野外易辨别。翼镜蓝绿色，先端白色，腹以下白色，胸侧有两条白色细斜线。雌鸟见第 85 页。
习性：发出尖细的“咯，咯”声。善游泳和潜水，平时在水面活动，相互嬉戏。飞速较快，扇翅有力，喜在大树上栖落。
生境：栖于山地森林近河流、湖泊、水塘等处，冬季于开阔的湖泊中集群。
食性：以水草、虾、昆虫为食。
繁殖：巢多筑于近水岸的树洞中或岩石洞中。每窝产卵6~10 枚，卵白色，椭圆形，雌鸟孵化，28~29 天出雏，早成雏，出巢时从树洞口直接跳到地面，后跟随雌鸟入水游泳。
相似种识别：很少被错认的河鸭类，雄鸟翅上的帆状羽颇具特色，雌鸟白色眼圈及其后的眼线也与其他种类有别。

编者提示：鸳鸯俗名官鸭、匹鸭，是最漂亮的鸭子。野外观察时，注意蚀羽阶段雄鸟嘴红色、雌鸟嘴黑色的区别。

雌♀

（见第87页）

红头潜鸭（雄）

Aythya ferina
Common Pochard

分类：雁形目，鸭科。
生态类群：游禽。
居留状况：旅鸟，偶见夏候鸟（4月至10月）。
体长：42~49厘米。
特征描述：中型游禽。雄鸟嘴铅黑色，头和颈栗红色，上体灰色，有波状黑色细纹，胸黑色，腹与两胁灰白色，尾黑色，翼镜灰色。雌鸟见第87页。
习性：非繁殖期集群，与其他鸭类混群。在水面活动，可漂浮在水面上睡觉。善潜泳，潜水取食和避敌。路上行走笨拙，飞行迅速，群飞排成“人”字队形。
生境：栖于具有开阔水面的河流、湖泊。
食性：以水生植物、草籽、小鱼虾、软体动物等为食。
繁殖：在地面洞中筑巢。每窝产卵6~12枚，卵圆形，灰黄色，雌鸟孵化，24~28天出雏。
相似种识别：雄鸟因其栗红色头颈，不易认错，雌鸟和斑背潜鸭雌鸟羽色相近，斑背潜鸭雌鸟嘴基白色环斑粗大明显。

编者提示：红头潜鸭俗名红头鸭，是常见的潜鸭类之一。雄鸟头颈栗红色，十分显眼。

雄♂
雌♀

红隼

Falco tinnunculus
Common Kestrel

分类：隼形目，隼科。
生态类群：猛禽。
居留状况：留鸟、夏候鸟、冬候鸟、旅鸟。
体长：♂ 33~34 厘米，♀ 36~38 厘米。
特征描述：小型红褐色隼类。其翅狭长而尖，尾亦较长，飞行时尾呈圆形，脚、趾黄色，爪黑色。雄鸟头蓝灰色，眼下有一条垂直向下的黑色髭纹，背和翅覆羽砖红色，有三角形黑斑，尾羽蓝灰色，有黑色次端斑，颏、喉棕白色，其余下体为棕黄色且有黑色纵纹。雌鸟上体从头至尾棕红色（尾羽次端斑似雄鸟），有黑褐色纵纹和横斑，下体乳黄色，除喉部外均有黑褐色纵纹和斑点，有黑色眼下髭纹。
习性：飞翔时两翅快速扇动，偶尔滑翔。多栖止于空旷区孤立的大树或电线上。白天活动，飞行搜寻猎物。善于扇翅悬停于空中观察，发现猎物后即折翅俯冲直扑地面目标。
生境：栖于山地森林、低山丘陵、旷野、村庄、城市等处。
食性：主食直翅目昆虫、雀形目小鸟、鼠、蛙、蛇等小动物。
繁殖：营巢于悬崖、山坡石缝、城市楼房，或利用其他鸟的旧巢。每窝产卵 2~3 枚，28~30 天出雏，雏鸟晚成性。
相似种识别：与黄爪隼体形相似，但红隼爪黑色，雄鸟脸部髭纹明显，黄爪隼爪淡黄色，头灰无白色脸颊，尾常呈楔状。

编者提示：红隼俗名红鹰、红鹞子，广泛分布于北半球，是北京地区常见的猛禽之一。常喜在空中悬停是其辨识特征之一。

雌♀

（见第153页）

雌♀

雄♂

雄♂

短耳鸮

Asio flammeus

Short-eared Owl

分类：鸮形目，鸱鸮科。

生态类群：猛禽。

居留状况：旅鸟（3 月至 4 月，10 月至 11 月），偶见冬候鸟（11 月至翌年 3 月）。

体长：34.4~39.8 厘米。

特征描述：中型夜行性猛禽。面盘棕黄色，间杂黑褐色放射状纵纹，耳状羽较短。上体羽棕黄色，杂以黑褐色纵纹。下体羽棕白色，有纵纹无横纹。胸棕色，满布黑褐色纵纹。虹膜颜色为金黄色，嘴黑色，跗跖棕色羽。

习性：鸣叫声为“克喔——克喔”。善于隐伏在草丛中。一般黄昏后活动，站立在树枝上注视地面，发现活动的鼠类或昆虫，即飞扑而下。不高飞，常贴地面飞行。

生境：通常栖于沼泽、空旷处的树林中，或隐伏在草丛中。

食性：鼠类或昆虫。

繁殖：筑巢于地面草丛中，巢材以枯草为主。每窝产卵 3~8 枚，卵白色，孵育 50~60 天后幼雏离巢独立生活。

相似种识别：似长耳鸮，但翼尖黑色，仅胸部有纵纹。脸部浑圆，没有长耳鸮发达的耳羽簇。

编者提示：短耳鸮俗名短耳猫头鹰，是北京地区较常见的猫头鹰，虽为夜行性鸟类，但也能在午后及黄昏见到。

白腰草鹬

Tringa ochropus

Green Sandpiper

分类：鸻形目，鹬科。

生态类群：涉禽。

居留状况：旅鸟、留鸟。

体长：20~24 厘米。

特征描述：小型鹬类，上体黑褐色，羽缘有白色斑点，腰部白色明显，下体、尾白色，尾上有粗的黑色横斑，腋羽和翅下覆羽黑褐色，有细窄的白色波状横纹。脚深绿色。

习性：常单独或成对活动。常上下晃动尾部，边走边觅食。

生境：多栖息于各种淡水水域。

食性：食物以蠕虫、虾、蜘蛛、小蚌、田螺、昆虫及其幼虫为主，偶食小鱼和稻谷。

繁殖：一般不自筑巢，而是在森林中的河流、湖泊岸边或林间沼泽地带利用鸫、鸠等废弃的巢。每窝产卵 3~4 枚，卵灰白色，上有红褐色斑。

相似种识别：容易与林鹬混淆，但白腰草鹬的体形略显敦实，眉纹较短在眼先，翼下色深，脚较短，色深绿。林鹬的白色眉纹较长，脚偏黄，其背部白色斑点明显，因此又被称为鹰斑鹬。

编者提示：俗名草鹬、白尾梢，嘴长而尖，是北京地区常见的鸻鹬类鸟类，山区平缓河流岸边可见。

环颈鸻

Charadrius alexandrinus
Kentish Plover

分类：鸻形目，鸻科。
生态类群：涉禽。
体长：18~20 厘米。
居留状况：旅鸟（3 月下旬至 6 月，8 月下旬至 11 月）、夏候鸟（3 月下旬至 10 月）。
特征描述：小型鸻类。头大而平，眼大。飞行时白色翼带较明显。无论年龄性别，黑色胸带不完整，仅胸侧各有一块深色斑。繁殖羽时头顶栗色鲜明，额部黑色，嘴、脚黑色。
习性：单独或小群活动，迁徙时集大群。在潮间带、泥地上觅食。行动敏捷轻巧，奔走急速，边走边啄食。通常急跑时可突然停止，变换方向再跑。遇惊立刻起飞。
生境：栖息于海滨、泥地、沼泽、河口水塘等地。
食物：主要以蠕虫、小型甲壳类、软体动物和昆虫为食。
繁殖：营巢于沙滩、湿地上，扒一土坑，坑内放入小圆石和贝壳。每窝产卵 2~5 枚，卵土黄色，上有暗斑，孵化期 24 天，雏鸟早成性。
近似识别：环颈鸻与金眶鸻体形大小近似，但金眶鸻胸前的黑色胸带完整，腿脚为黄色，且有明显的黄色眼圈。长嘴剑鸻个体偏大，嘴明显长，胸带完整，脚浅黄色。

编者提示：环颈鸻俗名白领鸻，广泛分布于欧亚大陆，甚至非洲和北美洲东北部，是较常见的小型鸻类。人们到滨海滩涂游玩时，在环颈鸻繁殖期时请注意其巢卵，避免破坏。

非繁殖羽

繁殖羽

普通秧鸡

Rallus indicus

Eastern Water Rail

分类：鹤形目，秧鸡科。

生态类群：涉禽。

居留状况：旅鸟，偶见冬候鸟。

体长：23~30 厘米。

识别特征：上体褐绿色，翅上有白色细窄横斑，有一黑褐色到耳羽的贯眼纹。颏、喉乳白色，头侧、下体上部石板灰色，两胁和尾下黑褐色，有白色横斑，嘴长且多具红色，嘴峰繁殖期红色，非繁殖期褐色。脚红色。

习性：性机警，不易发现，单独或成小群，夜间和晨昏活动。行动迅捷，可在灌丛下奔跑，善游泳和潜水，遇惊时可以短距离低飞，飞行快速，两脚悬于体下。

生境：栖息于低山丘陵、山脚平原各种有水环境的岸边及灌丛中，也出没于水稻田中。

食性：吃小鱼和其他无脊椎动物，也吃植物果实和种子等。

繁殖：一雄一雌制，5 月进入繁殖期，营巢于水边草丛或芦苇中，或者人难以到达的沼泽地中。地面巢，盘状，很隐蔽。每窝产卵 7 枚左右，最多 16 枚，孵化期 19 天左右。

近似种识别：与西秧鸡类似。普通秧鸡褐色贯眼纹明显，胸部中央有灰黑褐色纵纹，尾下覆羽白色有深色条斑，西秧鸡头面部及胸部为相对鲜艳的蓝灰色，尾下覆羽偏白，无斑。

编者提示：普通秧鸡俗名紫面秧鸡，北京分布较广，但不易见到，它性情机警、胆小，常隐藏在苇、草丛根部，很难发现。

凤头䴙䴘

Podiceps cristatus
Great Crested Grebe

分类：䴙䴘目，䴙䴘科。
生态类群：游禽。
居留状况：旅鸟（3 月至 5 月，9 月至 11 月）、夏候鸟。
体长：51.2~58 厘米。
特征描述：中型游禽。颈部修长，繁殖期羽色艳丽，头部有凤头（两束黑色长形冠羽），很好辨认，后颈及背部黑褐色，胸及下体白色。非繁殖羽头顶为黑色，脸侧和颈侧大部分为白色。嘴尖直而侧扁，有瓣状蹼。雌雄羽色相近。
习性：单独、成对或成小群活动。善游泳和潜泳，在水上常缩颈，游泳时头前倾。活动时频频长时间和长距离潜水。一般潜深约 7 米，潜距约 50 米。受惊时少飞，多潜逃。
生境：栖息于湖泊、水库、江河及沼泽地，特别是在开阔的水面和丰茂水草的苇塘、湖泊中。
食性：以鱼类和水生无脊椎动物为食，偶食少量水生植物。
繁殖：于芦苇或水草丛中造浮巢。每窝产卵 4~5 枚，卵污白色，雌雄轮流孵卵，21~28 天出雏，雏鸟为早成性。
相似种识别：凤头䴙䴘是所有䴙䴘中体形最大的，并且是唯一具有明显凤头的䴙䴘，不易和其他䴙䴘混淆。

编者提示：凤头䴙䴘俗名浪里白，常见于大型开阔水面，亮白的下体无论是在水面飞行还是漂浮都很显眼，其在繁殖期雌雄鸟面对面的求偶舞蹈夸张优雅、整齐划一，非常吸引人。颐和园易见。观察时注意尖形嘴与鸭嘴的区别。

幼鸟

小鸊鷉

Tachybaptus ruficollis

Little Grebe

分类：鸊鷉目，鸊鷉科。

生态类群：游禽。

居留状况：夏候鸟、旅鸟、冬候鸟、留鸟。

体长：22~28 厘米。

特征描述：小型游禽。体形似小鸭子，但嘴尖，无明显上翘尾羽。脚趾有瓣状蹼。雌雄羽色相近，繁殖羽与非繁殖羽颜色不同。繁殖期成鸟脸颊及颈侧部栗红色，与嘴角黄白斑对比鲜明，头黑褐色，上体暗褐色，下体白色。非繁殖期羽色暗淡，喉白色，颏、颈侧淡黄褐色。幼鸟与非繁殖期成鸟羽色相似。

习性：鸣声主要是连续的震颤声，繁殖早期常在水面踏水追逐。善潜水捕食，有时潜水时长可达半分钟。

生境：沼泽、河流、湖泊等挺水植物丛生之处。

食性：主要吃小鱼、虾、水生昆虫、蛙类等动物，也吃少量植物。

繁殖：利用芦苇茎、香蒲、水草等营造水面浮巢。每窝产卵 2~10 枚，雌雄亲鸟轮流孵卵，孵化期 23~28 天。雏鸟早成性，破壳即身披绒羽，可游水。

相似种识别：在北京分布的 5 种鸊鷉中，小鸊鷉个体最小，容易识别。

编者提示：小鸊鷉俗名水葫芦、王八鸭子，在城市公园里有水生植物的湖中易见。嘴尖易与鸭科鸟类区别，繁殖期与非繁殖期的羽色因换羽而有别。频繁潜水是其另一个识别特征。

非繁殖羽

繁殖羽

绿翅鸭（雌）

Anas crecca

Eurasian Teal

分类：雁形目，鸭科。

生态类群：游禽。

居留状况：旅鸟（3月至4月，10月至11月）。

体长：30~38 厘米。

特征描述：是北京地区河鸭类中最小的种类。雌鸟全身暗黑色，羽缘淡色，有黑色贯眼纹，翼镜翠绿色，尾下覆羽白色。雄鸟见第 181 页。

习性：除繁殖期外常成小群活动。

生境：或游泳于水面，或栖息于水边沙洲和岸上。

食性：杂食性。主要以野生植物的叶、芽、茎，水藻和种子等植物性食物为食，也吃软体动物、甲壳类、水生昆虫等动物性食物。

繁殖：繁殖期每窝产卵 8~11 枚，卵为浅黄色，21~23 天出雏，30 天后可飞行。

相似种识别：绿翅鸭雌鸟易与白眉鸭雌鸟混淆，但其没有白色眉纹，翼镜的绿色比白眉鸭更鲜亮。

编者提示：绿翅鸭俗名小水鸭、巴鸭，是全球分布最广的鸭子，除南极洲外，各大洲均有分布。在我国新疆及东北地区繁殖，在我国黄河流域及以南各地越冬。野外观察注意其个体小的特征。

雄♂

（见第181页）

绿头鸭（雌）

Anas platyrhynchos
Mallard

分类：雁形目，鸭科。
生态类群：游禽。
居留状况：旅鸟（10月至翌年4月上旬）、冬候鸟、夏候鸟、留鸟。
体长：♂ 54~62 厘米，♀ 47~55 厘米。
特征描述：中型游禽。雌鸟嘴黑褐色，端部暗棕黄色，贯眼纹黑褐色。上体羽黑褐色有棕黄、棕白色羽缘，形成明显的“V”形斑。翼镜紫蓝色。雄鸟见第 179 页。
习性：鸣声为清脆的“嘎——嘎——”声。除繁殖期外常成群活动，特别是迁徙和越冬时，常集成数十、数百，甚至上千只的大群。性好动，机警，受惊直飞上空。
生境：各种水域，游泳于水面，或栖息于水边沙洲与岸上。
食物：杂食性。主要吃野生植物的叶、芽、茎，水藻和种子等植物性食物，也吃软体动物、甲壳类、水生昆虫等动物性食物。
繁殖：营巢于水边的草丛、树洞等处，每窝产卵 7~11 枚，雌鸟孵化，24~27 天出雏，雏鸟早成性。
相似种识别：绿头鸭雌鸟和赤膀鸭雌鸟在体形大小和羽色上均近似，主要区别是赤膀鸭头较扁平，翼镜白色，个体偏小。绿头鸭雌鸟和斑嘴鸭形态相似，区别在于斑嘴鸭靠近嘴端有鲜明的黄色斑块，眉纹比绿头鸭雌鸟宽，且为白色。

编者的话：绿头鸭俗名官鸭、大麻鸭、大红腿鸭，是全球分布最广、最常见的野鸭。绿头鸭是家鸭的祖先。

雄♂

（见第179页）

斑嘴鸭

Anas zonorhyncha
Chinese Spot-billed Duck

分类：雁形目，鸭科。
生态类群：游禽。
居留状况：夏候鸟（3月下旬至11月上旬）、旅鸟，偶见冬候鸟。
体长：53~64 厘米。
特征描述：中型游禽。雌雄羽色相似。嘴黑色，近嘴端有一醒目的黄斑，故得名。颊、上颈淡褐色，眉纹白色，贯眼纹黑色，体羽大部分为棕褐色。
习性：常和其他鸭类混群。善游泳和行走，很少潜水，多集中于滩头岸边。可将嘴插入翅下，漂浮于水面休息。
生境：栖息于湖泊、水库、河流地带。
食性：晨昏觅食，以植物性食物为主，如水生植物的叶、茎及水藻等，也食昆虫、软体动物等。
繁殖：在水域岸边草丛中营巢。巢由草茎、草叶、羽毛等构成。每窝产卵 8~14 枚，卵白色，23~24 天出雏，早成雏。
分布：亚洲东部。我国除西北部外，全境均有繁殖或分布。
近似种识别：与绿头鸭、赤膀鸭体形类似，易与其雌鸟混淆。但斑嘴鸭的脸部和颈部颜色较浅且眉纹明显，而最明显的差别还是喙端的显眼黄斑。

编者提示：斑嘴鸭俗名黄嘴尖鸭、火燎鸭、麻鸭，其分布广，是最为常见的野鸭之一。在城市公园和湿地环境中易见程度仅次于绿头鸭。识别时注意与绿头鸭雌鸟的区别。原指名亚种 *Anas poecilorhyncha* 独立为南亚斑嘴鸭，北京无分布。

赤膀鸭

Mareca strepera

Gadwall

分类：雁形目，鸭科。

生态类群：游禽。

居留状况：旅鸟、冬候鸟（11 月至翌年 4 月）。

体长：46~55 厘米。

特征描述：中型游禽。雄鸟嘴黑色，脚橙黄色，上体暗褐色，背上部有白色波状细斑，翅有宽阔的棕栗色横斑和黑白两色翼镜，腹白色，自嘴基有一条暗褐色贯眼纹。雌鸟嘴橙黄色，嘴峰黑色，翅无棕栗色斑，上体暗褐色有浅棕色边缘。

习性：成对或小群活动，晨昏在田野觅食。性胆小而机警，飞行极快。尾朝上，头沉入水中取食。

生境：栖于水草丛生的河流、湖泊、水库等水域。

食性：以水生植物为主要食物。

繁殖：在水域边草丛中营巢，巢中铺以绒羽。每窝产卵 7~11 枚，卵圆形，白色，雌鸟孵化，27~28 天出雏，雏鸟早成性。

相似种识别：通体浅褐色，外形和羽色与绿头鸭雌鸟相近，但体形稍小、头较扁，翼镜白色可与绿头鸭雌鸟区别。似罗纹鸭雌鸟，但罗纹鸭雌鸟嘴黑色。

编者提示：俗名紫膀鸭，特征不甚明显，观察时多注意。虽名为赤膀鸭，但翅上的红褐色斑块不易观察到，飞羽舒展时可见。迁徙季可见大群，雌雄常相伴活动。

雌♀

雄♂

罗纹鸭（雌）

Mareca falcata

Falcated Duck

分类：雁形目，鸭科。

生态类群：中型游禽。

居留状况：旅鸟（3月下旬至5月中旬，9月中旬至10月下旬）。

体长：44~52厘米。

特征描述：中型游禽。雌鸟上体黑褐色，杂以"V"形斑纹，下体棕白色，有黑斑。雄鸟见第177页。

习性：鸣声低沉。常成对或小群活动，迁徙时成大群。性胆怯而机警，飞行灵活迅速。白天在开阔水面活动，晨昏飞到岸边、农田等处觅食。

生境：栖于江河、湖泊等水域。

食性：主要以水生植物、杂草种子等为食。

繁殖：在湖边附近的草丛中或灌木丛中的地上营巢，每窝产卵6~10枚，卵淡黄色，雌鸟孵化，24~29天出雏，雏鸟早成性。

相似种识别：雌鸟通体棕褐色，类似赤膀鸭雌鸟，但嘴的颜色为灰黑色，翼镜深墨绿色。赤膀鸭雄鸟嘴黑色，雌鸟嘴侧橙黄色，翼镜白色。

编者提示：罗纹鸭俗名镰刀毛鸭、扁头鸭，是一种羽色优雅艳丽的中型野鸭。野外观察时注意雌鸭与赤膀鸭雌鸟的区别。

雄♂

（见第177页）

凤头潜鸭（雌）

Aythya fuligula
Tufted Duck

分类：雁形目，鸭科。
生态类群：游禽。
居留状况：旅鸟。
体长：34.3~49 厘米。
特征描述：中型游禽。雌鸟羽冠较雄鸟短，黑褐色，体羽较雄鸟暗淡，大多灰褐色。头、颈、上体为黑褐色，胸和胁部为灰白色，额前部（嘴基之后）有不明显的污白色斑块。雌雄虹膜均为金黄色，嘴蓝灰色。雄鸟见第 47 页。
习性：喜成群活动。觅食主要通过潜水。
生境：多栖息于开阔的淡水水域。
食性：主要以虾、蟹、蛤和水生昆虫、小鱼、蝌蚪等动物性食物为食，也食少量水生植物。
繁殖：繁殖期每年 5 月至 7 月，通常每窝产卵 8~10 枚。
相似种识别：凤头潜鸭雌鸟与斑背潜鸭雌鸟相似，斑背潜鸭额前部（嘴基之后）的污白色斑块较大，很明显。

编者提示：与其他常见潜鸭相比，凤头潜鸭头顶后部有细长的辫状冠羽。但有时冠羽不明显，观察时需仔细认真。

雄♂

（见第47页）

红头潜鸭（雌）

Aythya ferina
Common Pochard

分类：雁形目，鸭科。
生态类群：游禽。
居留状况：旅鸟，偶见夏候鸟（4月至10月）。
体长：42~49厘米。
特征描述：中型游禽。雌鸟头、颈棕褐色，上背暗褐色，脸部有一淡色弧线，胸暗黄褐色，腹灰褐色。雄鸟见第251页。
习性：非繁殖期集群，与其他鸭类混群。在水面活动，可漂浮在水面上睡觉。善潜泳，潜水取食和避敌。路上行走笨拙，飞行迅速，群飞排成“人”字队形。
生境：栖于具有开阔水面的河流、湖泊。
食性：以水生植物、草籽、小鱼虾、软体动物等为食。
繁殖：在地面洞中筑巢。每窝产卵6~12枚，卵圆形，灰黄色，雌鸟孵化，24~28天出雏。
相似种识别：红头潜鸭雌鸟和斑背潜鸭的雌鸟羽色相近，斑背潜鸭雌鸟嘴基白色环斑明显，雄鸟因其栗红色的头颈，不易认错。

编者提示：红头潜鸭俗名红头鸭，是常见的潜鸭类之一。雄鸟头颈栗红色，十分显眼，雌鸟常伴雄鸟附近。

雄♂

（见第251页）

鸳鸯（雌）

Aix galericulata
Mandarin Duck

分类：雁形目，鸭科。
生态类群：游禽。
居留状况：留鸟或旅鸟、夏候鸟、冬候鸟。
体长：38~45 厘米。
识别特征：中型游禽。雌鸟嘴黑色，头、背灰褐色，无冠羽，眼周白色，其后连一细的白色眉纹。翅上无帆状直立羽，颏、喉白色。雄鸟见第 249 页。
习性：发出一种尖细的“咯，咯”声。善游泳和潜水，平时在水面活动，相互嬉戏。飞速较快，扇翅有力，常在大树上栖落。
生境：栖于山地森林近河流、湖泊、水塘等处，冬季于开阔的湖泊中集群。
食性：以水草、虾、昆虫为食。
繁殖：巢多筑于近水岸的树洞中或岩石洞中。每窝产卵 6~10 枚，卵白色，椭圆形，雌鸟孵化，28~29 天出雏，雏鸟早成性，出巢时能从树洞口直接跳到地面，然后跟随雌鸟入水游泳。
相似种识别：很少被错认的河鸭类，雄鸟翅上有独特的帆状直立羽，雌鸟的白色眼圈及其后的眼线好似逗号，也区别于其他种类。

编者提示：鸳鸯俗名官鸭、匹鸭，是最漂亮的鸭子。野外观察时，注意蚀羽阶段雄鸟似雌鸟，但雄鸟嘴为红色，与雌鸟的黑色嘴有别。

雄♂

（见第249页）

普通秋沙鸭（雌）

Mergus merganser
Common Merganser

分类：雁形目，鸭科。

生态类群：游禽。

居留状况：旅鸟（3月至4月，10月至11月），少数在山区不冻河流越冬。

体长：62.4~66.2厘米。

识别特征：中型游禽。雌鸟头、后颈棕褐色，上体主要为灰色，颈侧、前颈浅棕色，肩羽灰褐色，翼上覆羽灰色。下体多为白色，两胁灰色有白色斑点。幼鸟与雌鸟相似。嘴暗红色，脚橙红色。雄鸟见第45页。

习性：迁徙时通常集数十只的大群。游泳时颈伸得很直，频频潜水，可长达半分钟左右。飞行时翅扇动较快，声音较大。起飞笨拙，需疾拍翅膀和较长距离的助跑。

生境：栖息于较大的淡水水域。

食性：主要以各种鱼类为食。

繁殖：营巢于水边地面灌丛、地洞等处。每窝产卵7~16枚，卵乳白色，光滑无斑，雌鸟孵化，孵化期34~39天，雏鸟早成性。

相似种识别：与红胸秋沙鸭和中华秋沙鸭在体形、羽色上较相似。红胸秋沙鸭雄鸟胸部锈红色，雌鸟眼先白色，嘴微微上翘区别于普通秋沙鸭雌鸟。中华秋沙鸭体侧有特征性的鳞状纹，并且雌雄中华秋沙鸭都有明显的丝状冠羽。

编者提示：普通秋沙鸭俗名拉他鸭子，是北京地区最常见的秋沙鸭，和其他鸭类在嘴形上区别明显，嘴长且尖端呈钩状。

雄♂
（见第45页）

斑头秋沙鸭（雌）

Mergellus albellus

Smew

分类：雁形目，鸭科。

生态类群：游禽。

居留状况：旅鸟、冬候鸟。

体长：34~45.6 厘米。

特征描述：小型秋沙鸭。雌鸟上体灰褐色，额、头顶至后颈栗色，眼先、脸黑色，虹膜褐色，嘴和脚灰绿色。脸颊至颈侧、喉部为白色，胸灰白色，两胁灰褐色有细纹。雄鸟见第 7 页。

习性：通常雌雄分别集群活动，喜潜水觅食。

生境：繁殖期栖息于森林或森林附近的水域，非繁殖期则栖息于开阔的水域。

食性：食物以小鱼为主，也食软体动物、甲壳类、石蛾等水生无脊椎动物，偶尔也吃少量植物。

繁殖：繁殖期 5 月至 7 月，营巢于树洞中。每窝产卵 6~10 枚。

相似种识别：雌鸟易与鹊鸭雌鸟混淆，但鹊鸭雌鸟头颈部整体褐色，好似戴个头套。斑头秋沙鸭头顶至颈部栗色，脸颊至颈侧、喉部为白色，好似戴个棒球帽。

编者提示：斑头秋沙鸭也称白秋沙鸭，俗名小鱼鸭、鱼猴子。雄鸟特征明显，有白色头颈部和滑稽的黑眼圈，观鸟人昵称其为熊猫鸭。斑头秋沙鸭在北京相对较常见，如冬季在颐和园不封冻水域可见。

雄♂

（见第7页）

鹊鸭（雌）

Bucephala clangula
Common Goldeneye

分类：雁形目，鸭科。
生态类群：游禽。
居留状况：冬候鸟、旅鸟。
体长：32.3~68.2 厘米。
特征描述：雌鸟头和颈部为褐色，基部有白色颈环，上体淡黑褐色，下体白色，两胁灰色至灰褐色。嘴黑色，脚黄色或黄褐色。雌雄鸟虹膜金黄色，雌鸟较淡，幼鸟较雌鸟更淡。雄鸟见第 43 页。
习性：通过潜水觅食，喜深水区域。
生境：栖息于平原森林地带中的湖泊与流速缓慢的淡水水域。
食性：食物主要为小鱼、蛙、蝌蚪等，也食昆虫及其幼虫、蠕虫、甲壳类、软体动物等。
繁殖：繁殖于亚洲北部，5~7 月繁殖。每窝产卵 8~12 枚。
相似种识别：雌鸟头部颜色和斑头秋沙鸭、普通秋沙鸭、红头潜鸭等雌鸟相近，但鹊鸭雌鸟嘴端有黄色，头型明显不同。斑头秋沙鸭雌鸟喉部至前颈白色，好似戴棒球帽。普通秋沙鸭雌鸟头型较平，嘴形明显不同，体形更大。红头潜鸭雌鸟胸前深褐色，鹊鸭雌鸟胸前浅色。

编者提示：鹊鸭俗名喜鹊鸭、白颊鸭、金眼鸭，高耸的头型是鹊鸭的特征之一。雄鸟易识别，雌鸟头至颈部为紫褐色，好似戴了头套。

雄♂

（见第43

豆雁

Anser fabalis
Bean Goose

分类：雁形目，鸭科。
生态类群：游禽。
居留状况：旅鸟、冬候鸟（10 月上旬至翌年 3 月）。
体长：69.5~80.2 厘米。
特征描述：大型游禽。雌雄相似，外形似家鹅，嘴黑褐色，次端处有橘黄色带斑。上体羽灰褐或棕褐色，羽缘黄白，下体羽污白色，尾上覆羽白色，尾羽黑褐具白色端斑，脚橙黄色。
习性：大群夜宿，有一只警戒。在陆上时间比在水中长，有时仅仅是为了喝水才下水。在陆上善于奔跑和行走，而且奔跑速度很快。起飞和下降亦灵活。飞行时排成“一”字或“人”字队形。
生境：喜栖于水域开阔湿地，夜间常在岸边耕地、溪沟草滩觅食，朝往暮返。
食性：以植物为主要食物。
繁殖：营巢于河边草丛中。巢简陋，仅为一凹坑，内放干草。每巢产卵 4~5 枚，雌鸟孵化，26~28 天出雏，早成雏。
相似种识别：黑色嘴端之后有醒目的黄色横斑是豆雁的识别特征之一。短嘴豆雁（*Anser serrirostris*）北京也较易见，与豆雁区别为嘴短，头更显圆。

编者提示：豆雁俗名大雁、鸿，北京地区多为旅鸟，成群迁徙，夜栖、觅食多集中在农田、湿地滩涂。密云水库周边有数十至数千只大群的记录。

鸿雁

Anser cygnoides
Swan Goose

分类：雁形目，鸭科。
生态类群：游禽。
居留状况：旅鸟（3 月至 4 月，10 月至 11 月）。
体长：80~93 厘米。
特征描述：大型游禽。非常容易识别的大型雁类，浅色的前颈与深色的后颈有明显界线。雌雄相似，嘴黑色，嘴基有一白色细环，脚橙黄色。
习性：边飞边鸣，洪亮而清晰的“嘎——嘎——”声。性喜结群，迁徙时，集成数百上千只大群。善游泳，飞行力亦强，行为谨慎小心，常有“哨兵”为群鸟放哨。飞行时常排成“一”字或“人”字队形，飞时颈向前伸直，脚贴在腹下，一个接一个，排列整齐。
生境：栖息于开阔平原或草原上的湖泊、河流和沼泽中。
食性：以各种植物嫩叶、藻类及软体动物等为食。
繁殖：我国北部及以北为繁殖区，常成对营巢繁殖。多在芦苇丛中或岸边筑巢。每窝产卵 4~8 枚，卵白色或淡黄色，雌鸟单独孵卵，28~30 天出雏，雏鸟为早成性。
近似种识别：鸿雁与灰雁体形和羽色相近，最容易记住的区别是鸿雁嘴为黑色，而灰雁嘴为粉红色。

编者提示：鸿雁俗名原鹅、大雁，是家鹅驯养的祖先之一。列队飞行时，注意伸长的头颈部羽色上深下浅，易区别于其他雁。

灰雁

Anser anser

Graylag Goose

分类：雁形目，鸭科。

生态类群：游禽。

居留状况：旅鸟（3 月至 4 月，10 月至 11 月）。

体长：79~88 厘米。

识别特征：大型游禽。雌雄相似，体大而肥胖。嘴、脚为粉红色，上嘴基有狭窄的白纹。下体灰白色杂暗褐色小块斑。

习性：鸣叫声如“嗯、嗯”的鼻音。除繁殖期外，常结群活动。在地面行走灵活，休息时常用单脚站立。善游泳，也可潜泳。性谨慎，群栖时常有数只不吃、不睡，担当警卫。

生境：不同环境的淡水水域中，出入有水草的湖泊、河流。

食性：以植物为主，也吃些螺、虾等。

繁殖：在岸边草丛或苇丛中营巢。每窝产卵 4~8 枚，卵为白色带橙黄色斑的长卵圆形，27~28 天出雏，早成雏，9 周能飞。

近似种识别：灰雁与豆雁体形和羽色相近，易混淆。最容易记住的区别是豆雁嘴为黑色，接近嘴端有一黄色斑，而灰雁嘴为粉红色。灰雁粉红色嘴又与白额雁易混，但白额雁个体小些，且嘴基部和额部白斑明显。

编者提示：灰雁俗名大雁、红嘴雁，在野外观察中最大的特征就是缺少特征。它没有豆雁喙次端部醒目的黄色、鸿雁颜色对比鲜明的颈部，也没有白额雁引人瞩目的白色额头，如果在野外看到一只灰褐色的大型雁类没有观察到上述特征，且明确观察到粉红色的喙和脚，就可判断其为灰雁。

环颈雉（雌）

Phasianus colchicus
Common Pheasant

分类：鸡形目，雉科。
生态类群：陆禽。
居留状况：留鸟。
体长：♂ 80~100 厘米，♀ 59~61 厘米。
识别特征：大型雉鸡类。雌鸟稍小，体羽色暗淡，多为褐色或棕黄色杂以黑斑，尾较雄鸟短。雄鸟羽色艳丽很容易辨认（见第 247 页）。
习性：鸣声为“咯咯，咯咯”，秋冬集群。脚强健，善奔跑，见人后于灌丛中奔跑极快。迫不得已时才起飞，双翅扇动发出很大的声音，飞行不能持久，多从高处向低处滑行。雄鸟有占区行为，常发出响亮的领域叫声“咯——咯——”，并用翅扇打出有节奏的声响。雄鸟相互争斗时常跃起，收拢跗跖以距弹击对方。
生境：栖于山地、丘陵、平原、农田、湿地等。
食性：以植食性为主，常扒食地上的种子、根及昆虫。
繁殖：营巢于枯树旁、石崖下等高处地面，刨一浅坑，垫以枯草、树叶、羽毛等。每窝产卵 6~22 枚，卵淡绿褐色，雌鸟孵化 23 天出雏，雏鸟早成性，由雌鸟带领游荡觅食。
近似种识别：雄鸟特征明显，极易识别。我国亚种较多，目前记录有 19 个亚种，北京地区分布有两个，亚种区别雄鸟明显。

编者提示：环颈雉俗名野鸡、山鸡，我国全境均有分布，北京城市公园少见，奥森公园有记录。

雄 ♂

见第247页

白鹡鸰

Motacilla alba
White Wagtail

分类：雀形目，鹡鸰科。
生态类群：鸣禽。
居留状况：夏候鸟（3 月至 10 月）、旅鸟（4 月至 6 月，9 月至 12 月，常见）、冬候鸟（零星记录）。
体长：15.6~20 厘米。
特征描述：小型鸣禽。上体羽有明显白斑纹，额部、头颈侧部为纯白，其他为黑色，中央尾羽黑色，外侧两对尾羽几乎全白，翅黑褐色。下体羽白色，胸部有一半圆形的黑斑。
习性：觅食于水域岸边草地、沼泽、农田。常三五结群在地上疾走或在空中捕食飞虫。飞行时呈波浪形，常近水面飞行，边飞边叫，行走停留时，尾常不住地上下摆动。
生境：山区、平原的水边浅滩湿地。
食性：食物为昆虫。
繁殖：在山区营巢，巢筑在河滩石缝中或墙洞中。巢呈杯状，由枯叶、茎秆、树皮、纤维、草根筑成，粗糙而疏松，内衬兽毛、残羽等柔软物。每窝产卵 3~7 枚，孵化期 13~14 天，幼雏经哺育 14~15 天后离巢。
相似种识别：与灰鹡鸰（见第 207 页）体形和体态相似，但灰鹡鸰胸腹部为黄色。另一个偶见相近种日本鹡鸰个体比白鹡鸰大。

编者提示：白鹡鸰俗名白马兰花、白颤儿，是中国分布最广的鹡鸰，北京地区野外常见。多见于湿地，很少上树。白鹡鸰有 7 个亚种，其羽色差异较大，但均以黑白图案为主。

银喉长尾山雀

Aegithalos glaucogularis

Silver-throated Bushtit

分类：雀形目，长尾山雀科。

生态类群：鸣禽。

居留状况：留鸟。

体长：13~17 厘米。

特征描述：小型鸣禽。雄鸟头顶至后枕两侧黑色，中央冠纹污白色，前额、眼先、颊部与颈侧污灰白色，眼圈黄色，嘴短小、黑色。上体多灰蓝色，尾甚长呈凸形，尾羽黑褐色，最外侧三对尾羽有白色楔状端斑，飞羽和翅上覆羽均为黑褐色。喉部污白色中央有一银灰色斑块，腹部、两胁到尾下覆羽均为浅紫粉色。雌鸟似雄鸟，幼鸟眼圈红色。

习性：鸣声细弱，如“嘶，嘶，嘶”，连续鸣叫。常结十几只的群体在树枝间寻找昆虫。可倒挂在枝头啄食。

生境：栖于中低山林地及灌丛，秋冬迁至平原和低山。

食性：食小型昆虫、虫蛹、虫卵，也食一些植物种子。

繁殖：繁殖较早，4 月初可见初飞的幼鸟。巢球形，悬于枝间，巢口在巢侧上方。每窝产卵 6~8 枚，卵白色，缀红褐色斑点。雌鸟孵化约13天，育雏15天，幼鸟随亲鸟游荡取食。

相似种识别：北长尾山雀是从银喉长尾山雀一亚种独立成种的，其体羽偏浅，头部近全白，在北京地区少量冬候。

编者提示：银喉长尾山雀俗名呼呼猫儿，是北京地区唯一常见的长尾山雀（北长尾山雀秋冬季有少量个体出现），其他如红头长尾山雀、黑眉长尾山雀、棕额长尾山雀等均生活在南方。

金腰燕

Cecropis daurica

Red-rumped Swallow

分类：雀形目，燕科。

生态类群：鸣禽。

居留状况：夏候鸟（4 月中旬至 10 月上旬）、旅鸟（4 月至 5 月，8 月至 10 月上旬）。

体长：15.5~19.8 厘米。

特征描述：小型鸣禽。嘴扁阔，上体蓝黑色，有金属光泽，腰部有明显的栗黄色横斑带，故名“金腰燕”。下体棕白，有黑色细纵纹。外侧尾羽很长，呈深叉状。雌雄相似。

习性：在居民区的房屋、农舍房檐下衔泥筑巢。巢以湿泥、草茎相混，堆砌成纵剖的半个长颈花瓶状，贴在天花板上，近年观察发现可在家燕旧巢上加筑成瓶状巢。

生境：栖于从平原到海拔 1500 米左右的山区村落及城市建筑物附近。

食性：空中飞捕昆虫为食。

繁殖：4 月至 6 月上旬产卵，每窝产卵 4~6 枚，卵纯白，重约 2 克，雌雄轮流孵卵，孵化期 14 天。亲鸟每天喂雏 110 多次，幼雏被哺育约 22 天后离巢。

相似种识别：金腰燕与家燕体形近似，金腰燕腰部为栗黄色，棕白色腹部有黑色纵纹，额部、喉部和前胸无栗色。

编者提示：金腰燕俗名巧燕，与家燕生活环境有重叠，并常与家燕混合飞行捕食。观察下体，金腰燕没有锈红色的喉及前胸，体形比家燕略大，飞转速度略慢，遇见率也不及家燕。

家燕

Hirundo rustica
Barn Swallow

分类：雀形目，燕科。
生态类群：鸣禽。
居留状况：常见夏候鸟（4月至10月上旬）、旅鸟（3月至5月，8月至10月上旬）。
体长：15~19.5厘米。
特征描述：小型鸣禽。嘴扁阔，额部栗红色，头黑色有蓝色金属光泽，其余上体、翅、尾羽蓝黑色有金属光泽。下体白色，喉部、前胸栗红色，后胸有不整齐黑色横斑带。外侧尾羽很长，尾呈深叉状。雌鸟似雄鸟，但外侧尾羽短于雄鸟。
习性：繁殖时遍布北半球，可迁徙至东南亚、南半球越冬，我国热带地区可有少数越冬。
生境：利用人类建筑物衔泥筑巢。巢置于屋檐下、房梁上，呈半碗形，用湿泥、草根、口腔液混合筑成。巢内略铺柔软物。
食性：在空中来回飞行穿梭捕食昆虫。
繁殖：在北京每年可以繁殖两窝。多数营造新巢，第一窝产卵4~6枚，第二窝产卵2~5枚，卵白色缀以褐色斑点，雌鸟孵卵，孵化期14~15天，雏鸟晚成，育雏期20~23天，双亲共同捕捉昆虫饲喂雏鸟，每天多达180次。
相似种识别：家燕与金腰燕体形近似，但金腰燕腰部为栗黄色，腹部有黑色纵纹，前胸和喉部无栗色。

编者提示：家燕俗名拙燕，是北京地区常见的夏候鸟。幼鸟外侧尾羽短，喉部色浅，野外观察注意识别。

大山雀

Parus minor

Japanese Tit

分类：雀形目，山雀科。

生态类群：鸣禽。

居留状况：留鸟。

体长：12.5~15.3 厘米。

特征描述：小型鸣禽。雄鸟前额、头顶至枕部为黑色，有蓝色金属光泽，颊部、耳羽有明显白斑。上体背部及肩羽橄榄绿色，腰灰蓝色，有一道白色翅斑。胸腹部两侧白色，中央从颏部至尾基贯以宽阔明显的黑色带斑。嘴黑色，脚铅灰色。

习性：经常发出“吁吁哈哈”“吁黑儿”等叫声，特色叫声为“吁吁黑儿，吁吁黑儿”。捕食昆虫能力很强。

生境：平原、低山至海拔 1600 米的中山地带均有分布，多栖息于山地森林及果园，春秋可及平原。

食性：嗜吃昆虫。

繁殖：巢址多样，树洞、土洞、石洞，甚至电线杆孔、地面石头缝隙均可。巢材为苔藓及兽毛。每年繁殖 2~3 窝，每窝产卵 6~10 枚，卵粉白色有紫棕色的斑点。

相似种识别：大山雀与沼泽山雀、煤山雀的明显区别是下体从喉部沿胸中央而下的黑色带斑（观鸟爱好者戏称为“拉链”）。与欧亚大山雀的区别是下体除黑色带斑外，余部大山雀为污白色，欧亚大山雀为黄色。

编者提示：俗名吁吁黑。沼泽山雀与大山雀会互相模仿对方的鸣叫声，野外观察时需注意分辨。

沼泽山雀

Poecile palustris
Marsh Tit

分类：雀形目，山雀科。
生态类群：鸣禽。
居留状况：留鸟。
体长：10~12.5 厘米。
特征描述：小型鸣禽。雄鸟前额、头顶至后颈为带有金属光泽的黑色，颊部、耳羽至颈侧为白色，上体褐灰色，尾羽及飞羽暗褐色。颏喉部中央有一黑色斑块，两胁浅灰棕色，余部污白色。雌雄鸟相似。
习性：常发出“吁吁，吁吁……”的叫声，也常仿效大山雀“吁吁呵”的叫声，标志叫声为“吁吁红儿”，春季雄鸟常站在枝头发出“啾啾啾啾……”的响亮的领域叫声。
生境：栖于近水的平原、低山及中山地带，活动于阔叶林及混交林。
食性：嗜食昆虫，也吃富含油脂的植物种子。
繁殖：建巢于旧啄木鸟洞或天然树洞。每窝产 4~8 枚卵，卵白色，缀紫褐色斑点。
相似种识别：沼泽山雀与褐头山雀易混，主要区别是沼泽山雀上嘴基部有浅色斑点。褐头山雀上嘴无白斑，喉部黑色较广，多见于山区，二者鸣声不同。

编者提示：沼泽山雀俗名红子、吁吁红，分布甚广，是北京地区最常见的山雀。虽名为沼泽山雀，但它不只生活在沼泽地区，各种类型的林地及果园均可见。

喜鹊

Pica serica

Oriental Magpie

分类： 雀形目，鸦科。

生态类群： 鸣禽。

居留状况： 留鸟。

体长： 36.5~47.5 厘米。

特征描述： 大型鸣禽，体羽除两侧肩部各有一大块白斑及腹部为白色外，全身体羽几乎为黑色，并稍染蓝色、铜绿色光泽。尾长凸形，两翼及尾黑色，有蓝、绿、紫色辉光。

习性： 除繁殖期多成对活动外，常成 3~5 只的小群活动，清晨到旷野耕地、绿地等取食，黄昏栖在高大树木上过夜。繁殖初期雄鸟常在雌鸟附近发出小声婉转的求偶鸣声。

生境： 常出没于山脚、林缘、城市公园、田园菜地。

食性： 性杂食。主要捕食昆虫，亦吃少量谷物，还见有吃雏鸟、鸟卵、鼠类、蜥蜴、小鱼、蜗牛、野果和杂草种子等。

繁殖： 平原地区早春二月开始筑巢。巢多在高大杨树、松树、柏树顶端插建，巢球状，有顶盖，1~2 个侧开口。外层用枯枝，内下半圆用枯草、泥土黏结，最内垫细枝、碎麻纤维、兽毛等柔软物。3 月下旬开始产卵，每窝 4~8 枚，卵蓝绿色缀褐色斑点，孵化期 17~18 天，育雏期 22~30 天。

相似种识别： 喜鹊的原亚种已提升为欧亚喜鹊和青藏喜鹊，在北京无分布。

编者提示： 喜鹊俗名客鹊，是北京地区最常见的大型林鸟，非常容易辨认。

大斑啄木鸟

Dendrocopos major

Great Spotted Woodpecker

分类：啄木鸟目，啄木鸟科。

生态种群：攀禽。

居留状况：留鸟。

体长：21~25 厘米。

特征描述：上体主要为黑色，额、颊和耳羽白色，肩羽有白斑，翅上有明显条状白斑。中央尾羽黑色，外侧尾羽白色具黑色横斑。下体污白色，下腹和尾下覆羽鲜红色。雄鸟枕部有一大块红斑，雌鸟枕部无红斑。

习性：常单独或成对活动，繁殖后期则成松散的家族群活动。善于用富有弹性的尾羽羽轴支撑身体在树干、粗枝上攀缘，啄木觅食，用舌探入树皮缝隙或从啄出的树洞内钩取幼虫。飞翔曲线呈大波浪式。

生境：栖息于山区、平原的林地。

食性：主要食昆虫幼虫，也吃一些植物性食物。

繁殖：繁殖期间，喜在阔叶树上凿取新树洞为巢。每窝产卵 3~8 枚，卵白色，孵化期约为 16 天。

近似种识别：黑白羽色接近星头啄木鸟，但星头啄木鸟体形较小（15~17 厘米），且下腹部没有红斑。另一种白背啄木鸟，背部有大块白斑，可明显区别于大斑啄木鸟。

编者提示：大斑啄木鸟俗名奔㖞儿木，是北京地区最常见的啄木鸟，如果在北京地区的公园里看到飞过的黑白色啄木鸟，注意看其臀部是否有红色。

雄♂
雌♀

星头啄木鸟

Picoides canicapillus

Grey-capped Woodpecker

分类：啄木鸟目，啄木鸟科。

生态类群：攀禽。

居留状况：留鸟。

体长：14~18 厘米。

特征描述：小型攀禽。全身黑白相间，雄鸟前额和头顶灰褐色，鼻羽、眼先污白色，眉纹白色宽阔，延伸至颈侧处白斑，耳覆羽淡棕色，枕部两侧各具一红色小斑。胸腹部污白色泛淡棕黄色，布满黑色纵纹，下腹部纵纹变细不明显。虹膜红褐色，喙铅灰色，脚灰褐色。雌鸟枕侧无小红斑。

习性：成对或单独活动。在树冠的枝干上啄食天牛、小蠹虫、蟀象、蚂蚁、甲虫等昆虫。飞行迅速，波浪式前进。

生境：栖息于山地、平原的阔叶林、针阔混交林、针叶林或林缘。

食性：以昆虫为主，偶尔也吃植物果实和种子。

繁殖：在心材腐朽的树干上凿洞营巢，巢位较高，洞内无垫物。每窝产卵 4~5 枚，卵白色，雌雄轮流孵化，孵化期 12~13 天。雏鸟晚成性，离巢后一段时间内继续跟随亲鸟成家族群活动。

相似种识别：黑白羽色接近大斑啄木鸟，但大斑啄木鸟体形较大（20~25 厘米），且大斑啄木鸟下腹部至尾下覆羽有红斑。

编者提示：星头啄木鸟俗名小奔𠴨儿木，是北京最常见的啄木鸟之一，个小，尾下覆羽无红，可区别于大斑啄木鸟。

鹗

Pandion haliaetus

Osprey

分类：鹰形目，鹗科。

生态类群：猛禽。

居留状况：旅鸟（3 月至 5 月，10 月至 11 月），偶见夏候鸟（5 月至 10 月）。

体长：♂ 50~52 厘米，♀ 53.5~65 厘米。

特征描述：中型猛禽。头部白色，前额、头顶中央缀暗褐色纵纹，贯眼纹黑色显著，并延伸至颈侧。枕羽稍稍延长成短的羽冠，上体暗褐色，尾黑褐色，具暗褐色横斑和白色端斑。下体白色，颏、喉有暗褐色细羽干纹，胸部有黄褐色纵纹形成的胸带。虹膜颜色为淡黄色或橙黄色，嘴黑色，脚黄色，转趾足（外侧脚趾可转向后方），爪黑色。

习性：多活动在各种水域的上空，缓慢扇动双翅绕圈飞行。发现猎物后，一折双翅，疾降水面，以锐爪、趾底刺突牢牢抓住猎物。捕鱼时，外趾后转形成对趾便于捕猎。

生境：一般活动于各种水域的上空。

食性：主要以鱼类为食，也食其他小型陆栖动物。

繁殖：常营巢于水边树上，巢可多年利用，一般结构较庞大。每窝产卵 2~3 枚，卵椭圆，灰白色，孵化期 32~40 天。

相似种识别：头颈及下体大部分为白色是鹗有别于其他猛禽的识别特征之一。

编者提示：鹗俗名鱼鹰，多见其盘旋于大型水面上空，俯冲急降捕鱼。

黑翅长脚鹬

Himantopus himantopus

Black-winged Stilt

分类：鸻形目，反嘴鹬科。

生态类群：涉禽。

体长：29~40 厘米。

居留状况：旅鸟，夏候鸟。

特征描述：雄鸟繁殖羽额白色，头顶至颈黑色（或白色加黑色），背黑色带金属光泽，身体大部分为白色。雌鸟繁殖羽头、颈为白色，上背、肩、内侧飞羽为褐色。非繁殖羽雌雄鸟相似，头颈白色，有时微沾灰色。嘴细长而尖，黑色。腿脚细长，其裸露部分为绛红色。

习性：单独或成对、成小群活动，非繁殖期可结大群。在浅水处觅食，也可将头探入较深的水域寻觅食物。

生境：栖息于开阔草地附近的湿地环境，常见于河流浅滩、水稻田、鱼塘、海滨等环境。

食物：主要以软体动物、环节动物、昆虫及幼虫、小型水生脊椎动物为食。

繁殖：5月进入繁殖期，营巢于露出水面的地面上，结群巢，巢材由芦苇等枯草叶茎构成。一般每窝产卵 4 枚，孵化期 17 天左右。

相似种识别：这是在中国境内不会错认的涉禽，体形修长，具红色的长腿和脚。

编者提示：黑翅长脚鹬俗名长腿娘子、高跷鹬，分布几乎遍布全球各大洲。北京郊区湿地滩涂可见繁殖种群。

凤头潜鸭（雄）

Aythya fuligula
Tufted Duck

分类：雁形目，鸭科。
生态类群：游禽。
居留状况：旅鸟。
体长：34.3~49 厘米。
特征描述：中型游禽。雄鸟具显著的凤头（长形羽冠），全身除腹、两胁及翼镜为白色外，其余体羽亮黑色，雌雄虹膜均为金黄色，嘴蓝灰色。雌鸟见第 89 页。
习性：喜成群活动。觅食主要通过潜水。
生境：多栖息于开阔的淡水水域。
食性：主要以虾、蟹、蛤和水生昆虫、小鱼、蝌蚪等动物性食物为食，也食少量水生植物。
繁殖：繁殖期每年 5 月至 7 月，通常每窝产卵 8~10 枚。
相似种识别：凤头潜鸭雄鸟黑白分明的羽色和斑背潜鸭相近，斑背潜鸭上背部为白色有波浪状黑褐色细纹。

编者提示：与其他常见潜鸭相比，凤头潜鸭头顶后部有细长的辫状冠羽（尤其是雄鸟）。但有时冠羽不明显，观察时需仔细认真。

雌♀

（见第89页）

普通秋沙鸭（雄）

Mergus merganser
Common Merganser

分类：雁形目，鸭科。

生态类群：游禽。

居留状况：旅鸟（3 月至 4 月，10 月至 11 月），少数在山区不冻河流越冬。

体长：62.4~66.2 厘米。

识别特征：中型游禽。雄鸟头部及上颈部为黑褐色，有绿色金属光泽，翼上有最明显的白色翼镜，初级飞羽和覆羽黑褐色，下体从颈部到尾为白色。雌鸟见第 83 页。

习性：迁徙时通常集数十只的大群。游泳时颈伸得很直，频频潜水，可长达半分钟左右。飞行时翅扇动较快，声音较大。起飞笨拙，需疾拍翅膀和较长距离的助跑。

生境：栖息于较大的淡水水域。

食性：主要以各种鱼类为食。

繁殖：营巢于水边地面灌丛、地洞等处。每窝产卵 7~16 枚，卵乳白色，光滑无斑，雌鸟孵化，孵化期 34~39 天，雏鸟早成性。

相似种识别：与中华秋沙鸭和红胸秋沙鸭在体形、羽色上较相似。中华秋沙鸭体侧有特征性的鳞状纹，并且雌雄都有明显的长冠羽。红胸秋沙鸭雄鸟胸部锈红色，雌鸟眼先白色，嘴微微上翘区别于普通秋沙鸭雌鸟。二者在北京罕见。

编者提示：普通秋沙鸭俗名拉他鸭子，在我国西北、东北地区繁殖，在繁殖区南部越冬。和其他鸭类在嘴形上有明显区别，嘴长且尖端呈钩状。

雌♀

（见第83页）

鹊鸭（雄）

Bucephala clangula
Common Goldeneye

分类：雁形目，鸭科。
生态类群：游禽。
居留状况：冬候鸟，旅鸟。
体长：32.3~68.2 厘米。
特征描述：雄鸟头黑色，两颊有一大型白色圆斑，上体黑色，颈部、下体、胁部均为白色。嘴黑色，脚黄色或黄褐色。雄雌鸟虹膜金黄色，雌鸟较淡，幼鸟较成鸟更白。雌鸟见第 79 页。
习性：通过潜水觅食，喜深水区域。
生境：栖息于平原森林地带中的湖泊与流速缓慢的淡水水域。
食性：食物主要为小鱼、蛙、蝌蚪等，也食昆虫及其幼虫、蠕虫、甲壳类、软体动物等。
繁殖：繁殖于亚洲北部，在 5~7 月繁殖。每窝产卵 8~12 枚。
相似种识别：远距离观察时，雄鸟易与凤头潜鸭和斑背潜鸭混淆，注意鹊鸭脸颊上的白色斑点。和普通秋沙鸭雄鸟同为黑白羽色，但头型和嘴形明显不同。普通秋沙鸭体大，嘴细长且尖端呈钩状。

编者提示：鹊鸭俗名喜鹊鸭、白颊鸭、金眼鸭，高耸的头型是鹊鸭的特征之一。雄鸟易识别，雌鸟头至颈部为紫褐色，好似戴了头套。

雌♀

（见第79页）

东亚石䳭（雄）

Saxicola stejnegeri

Stejneger's Stonechat

分类： 雀形目，鹟科。

生态类群： 鸣禽。

居留状况： 旅鸟（4 月下旬至 6 月中旬，8 月下旬至 10 月中旬）。

体长： 12.5~14 厘米。

特征描述： 小型鸣禽。雄鸟繁殖羽头部及飞羽黑色，背深褐色，颈及翅上有粗大的白斑，腰白，胸棕色。非繁殖羽雄鸟与雌鸟相似，但羽色较深，白色翅斑面积较大。雌鸟见第 157 页。

习性： 喜站立于开阔地带灌草丛中的顶端枝梢上。常飞到地面或在空中捕食昆虫，又返回原栖息处。

生境： 栖息于灌草丛中。

食性： 食物以昆虫为主，兼食少量杂草种子。

繁殖： 每窝产卵 3~8 枚，雌鸟孵卵。

相似种识别： 东亚石䳭雄鸟繁殖羽黑、白、赤褐色极具辨识度，不易与其他鸟种混淆。雌鸟的羽色与灰林䳭雌鸟相似。

编者提示： 东亚石䳭俗名石栖鸟，在郑光美主编的《中国鸟类分类与分布名录（第三版）》中，此种为黑喉石䳭的一个亚种，但在第四版中将其独立为种。

雌♀

（见第157页）

乌鸫

Turdus mandarinus
Chinese Blackbird

分类：雀形目，鸫科。
生态类群：鸣禽。
居留状况：留鸟。
体长：21~29.6 厘米。
特征描述：中型鸣禽。雄鸟通体黑色，嘴和眼周为橙黄色，脚为黑褐色。雌鸟通体黑褐色沾锈色，下体锈色突出，有不明显的暗色纵纹。
习性：常单独或成对活动。多在地上觅食，平时多栖于乔木上。通常营巢于城市林地、村镇附近、房前屋后的乔木主干分枝处。
生境：主要栖息于不同类型的森林中。
食性：主要以蚯蚓、蛴螬、金针虫等昆虫为食。
繁殖：巢呈碗状，主要由苔藓、稻草，植物的根、茎、叶，并杂以棕丝、猪毛和泥土编织而成。每窝产卵 4~6 枚，卵淡蓝色或近白色，着以赭褐色斑点。
相似种识别：北京地区全黑色林鸟只有大、小嘴乌鸦和黑卷尾，极易区分。大、小嘴乌鸦比乌鸫大许多，嘴为黑色，而乌鸫嘴为黄色，黑卷尾尾羽甚长且卷曲。

编者提示：乌鸫俗称百舌、反舌、白舌、黑鸫等，会模仿其他多种鸟类的叫声。繁殖期鸣叫声极具特色，富于变化且委婉动听。原为南方留鸟，北京地区从发现至今有 20 多年，已成功繁殖为常见鸟种。

幼鸟

八哥

Acridotheres cristatellus
Crested Myna

分类：雀形目，椋鸟科。

生态类群：鸣禽。

居留状况：逃逸后形成的稳定种群，常年留居。

体长：21~27.7 厘米。

特征描述：中型鸣禽。除翼斑、尾下覆羽及尾末端白色外，其余体羽为黑色。嘴基有簇状羽（鼻簇）。飞行时，现出独特的白色翼斑。

习性：性活泼，成群活动，特别是傍晚常集成大群，栖息点较为固定，善鸣叫。在北京，多分布于平原。在一些城市公园中较易见。

生境：栖息于低山丘陵、山脚平原的树林及林缘处。常见于农田、果园、村落附近的大树上，在翻耕地觅食，常站于牛、猪等家畜背上。

食性：主要以昆虫为食，也吃植物种子和果实。

繁殖：4 月进入繁殖期，营巢于树洞或建筑物的洞穴中。每窝产卵 3~6 枚。

相似种识别：注意与同为黑色鸟类的乌鸦（见第 33 页）和乌鸫（见第 39 页）的区别。乌鸦明显体大，而乌鸫没有鼻簇，也没有白色翼斑。同为逃逸鸟的鹩哥与八哥体形和羽色相近，但鹩哥头侧有十分显眼的黄色肉垂。

编者提示：八哥俗名凤头八哥，为南方鸟种。目前在北京野外见到的八哥，多为逃逸鸟及其后代，已成为本地留鸟。

大嘴乌鸦

Corvus macrorhynchos

Large-billed Crow

分类：雀形目，鸦科。

生态类群：鸣禽。

居留状况：留鸟。

体长：44~54 厘米。

特征描述：大型鸣禽。全身羽毛为黑色，有紫绿色金属光泽，嘴粗大，嘴峰弯曲，后颈羽毛柔软松散如发状。

习性：除繁殖期多成对活动外，常成三五只小群活动。性机警，和人保持一定距离，有危险一哄而散。常边飞边叫，发“啊——啊——”声，嘶哑粗厉单调。冬季和其他鸦类混群。

生境：繁殖期常见于中低山和山麓，北京平原近年可见。冬季喜在村庄附近农田、城市公园、城郊垃圾填埋场。

食性：食性杂，喜在城郊垃圾场、村落或禽畜舍附近翻食垃圾，食昆虫或其他动物及尸体，有时也捕鼠，也吃种子、粮食、瓜果等。

繁殖：繁殖期营巢于高大树木上。巢材以枯枝为主，混有纤维、杂物，并常用泥土黏结起来。每窝产卵 3~5 枚，雌雄轮流孵卵，孵化期 17~19 天，幼雏哺育 21~30 天离巢。

相似种识别：大嘴乌鸦与小嘴乌鸦（见第 33 页）相比，其喙粗厚，上喙前缘与前额近乎直角，额部特别突出。

编者提示：俗名老鸹。大嘴乌鸦的环境适应能力很强，多分布于山地及山麓，在北京城市里甚至闹市区也能见到，具有城市“清道夫”的美誉。

小嘴乌鸦

Corvus corone

Carrion Crow

分类：雀形目，鸦科。

生态类群：鸣禽。

居留状况：冬候鸟（11 月至翌年 4 月）、留鸟。

体长：40.5~52.5 厘米。

特征描述：大型鸣禽。全身羽毛辉黑色，微缀蓝紫色金属光泽，嘴长不及头长，与大嘴乌鸦相比，嘴稍短且细弱。

习性：冬季到城郊大型垃圾填埋场、平原农田、果园觅食。常与其他鸦类混群活动，在村落附近的田野处随时能遇到。性机警，与人保持一定距离。鸣声粗厉。

生境：冬季早晨从城市集群飞往 10 千米之外的觅食地，晚上集群飞回城市在高树上或高大建筑物上过夜。

食性：杂食性。

繁殖：繁殖期在 4 月至 7 月。营巢于树上或悬崖凹处。巢以枯枝筑成，简陋。每窝产卵 4~7 枚，雌鸟孵卵，孵化期 16~18 天，幼雏哺育 26~35 天离巢。

相似种识别：外形与体色均似大嘴乌鸦，但嘴较薄较细，额弓较低，额头稍微倾斜。与秃鼻乌鸦的区别是嘴基部有黑色羽毛，而秃鼻乌鸦嘴基有大片皮肤裸露，呈灰白色。

编者提示：小嘴乌鸦俗名老鸹、细嘴乌鸦，是雀形目中的大型鸟类。喜集群，叫声聒噪，在郊区村落、城镇很常见。与大嘴乌鸦、秃鼻乌鸦俗名统称为老鸹，它们是城镇乡村的“清洁工”。

黑卷尾

Dicrurus macrocercus
Black Drongo

分类：雀形目，卷尾科。
生态类群：鸣禽。
居留状况：夏候鸟（5 月下旬至 9 月下旬）。
体长：23.5~30 厘米。
特征描述：中型鸣禽。全身羽毛呈灰黑色，并有蓝绿色光泽。嘴强壮，在鼻孔处其宽度与厚度几乎相等。尾羽叉状，中央一对尾羽最短，向外依次增长，最外侧一对尾羽最长，末端稍微向外侧弯曲。
习性：通常在农田周围的林缘草地觅食。常在黎明时连续鸣叫，并遥相呼应，鸣声虽粗糙，但人们常把其作为起床的时间标志，故有“黎鸡儿”的美称。在繁殖期有强烈的护巢行为，如有小型猛禽（红隼、红脚隼、乌鸦、喜鹊）侵进巢区，它们会快速冲击来犯者直至将其驱逐出巢区。
生境：栖息于平原区村庄周围，为树栖鸟类。
食性：捕食昆虫。
繁殖：5 月底至 6 月上旬营巢繁殖。巢用枯草茎、植物纤维编织而成。每窝产卵 3~4 枚，卵乳白色，钝端有红褐色粗斑。
相似种识别：与同为全黑色的鸟类相比，黑卷尾特征明显：尾长，且弯曲分叉。黑卷尾比发冠卷尾个体小，不具发状羽冠，尾羽叉状。发冠卷尾的尾羽向外侧且向上卷曲，再向内卷曲。

编者提示：黑卷尾俗名黑黎鸡、铁翅膀，其较长的尾羽向两侧卷曲延伸，让人联想到身穿燕尾服的绅士。

幼鸟

普通鸬鹚

Phalacrocorax carbo

Great Cormorant

分类：鲣鸟目，鸬鹚科。

生态类群：游禽。

居留状况：旅鸟（3 月至 4 月，9 月至 11 月）。

体长：72~92.3 厘米。

特征描述：大型游禽。通体羽色黑色，头顶有紫色光泽，两肩和翅有青铜色光泽，眼后下方白色。嘴狭长而尖，上嘴尖端向下弯曲呈钩状，下嘴有黄色喉囊，颈细长。繁殖季节，脸部有红斑，头颈后有白色丝状羽，下胁有白斑。非繁殖羽似繁殖羽，不具颈部白色丝状羽和胁部白斑。四趾具全蹼。

习性：鸣声粗犷。善游泳和潜水，常结群活动。游泳时颈向前伸直，头微向上倾斜。潜水时常半跃出水面，再翻身入水。飞行中颈、足伸直，两翅扇动慢，常极低飞行，掠水面而过，群飞列队。在岩石或树上坐姿休息，不时扇动两翅。

生境：栖息于河流、湖泊和水库等地带。

食性：以鱼为食。

繁殖：营巢于岩石峭壁或水边树上，群巢，以枯枝和水草构成。每窝产卵 3~5 枚，淡蓝色或淡绿色，卵圆形，雌雄轮孵 28~30 天。雏鸟晚成，可将喙伸入亲鸟咽部取食半消化食物。

相似种识别：北京地区，普通鸬鹚体形独特，难与其他鸟类混淆。

编者提示：普通鸬鹚俗名黑鱼郎、鱼鹰、水老鸦，潜水捕食后，常在岸边张开双翅晾晒。普通鸬鹚在我国曾被训练用于捕鱼。迁徙季可见大群飞行。

黑鹳

Ciconia nigra

Black Stork

分类：鹳形目，鹳科。

生态类群：涉禽。

居留状况：留鸟、夏候鸟（4 月至 9 月）、冬候鸟。

体长：100~120 厘米。

特征描述：大型涉禽。头、颈、后肢均较长。上体黑色，有紫绿色金属光泽，嘴绛红色，基部粗大，先端变细。下体白色。眼周裸露皮肤和裸露的腿脚为绛红色。

习性：能发出“哒哒”的击喙声。白天活动，不善鸣叫，性孤独，机警而胆小，人很难接近。平地起飞一般需要一段助跑，飞行时头颈向前伸直，双腿并拢，远远伸到尾后。还可以借助风力翱翔、盘旋。在地上行走时跨步很大，步履轻盈。休息时单、双脚站立，缩颈成驼背状。

生境：栖于偏僻山区无干扰的流域、河谷、森林沼泽地带附近的岩石峭壁上。

食性：以鱼类、昆虫、软体动物及蛙类为主，也食鼠类、蛇等。

繁殖：营巢于山区悬崖岩凹处、浅洞中或粗大的树木上。巢材以灌木枝条为主。每窝产卵 2~4 枚，卵色白，雌雄轮流孵卵，33~34 天出雏，100 日龄后离巢。

相似种识别：特征明显，无相似种。

编者提示：黑鹳俗名老鹳、乌鹳，属于国家一级重点保护野生动物。北京在密云、延庆、门头沟、房山十渡流域等有悬崖的河谷湿地可见，有少量繁殖。

白骨顶

Fulica atra

Common Coot

分类：鹤形目，秧鸡科。

生态类群：涉禽。

居留状况：夏候鸟（4月中旬至10月下旬）、旅鸟（4月至5月，10月至11月）、冬候鸟（少量）。

体长：36~43厘米。

特征描述：中型涉禽。通体黑色，嘴和额板为白色，脚绿色，趾间有瓣状蹼。雌雄同色，破壳不久的雏鸟头额部红色明显。

习性：鸣声为短促单调的“咯咯咯”。迁徙时集群。平时浮游于开阔水面，并不时地晃动身体和不住点头，尾下垂到水面。遇惊潜入水中或躲进芦苇丛中。多贴水面或苇丛飞行，并需要一定距离的水面助跑，不远即落下。

生境：栖息于低山丘陵、平原草地的各种水域中。

食性：以小鱼、水生昆虫、水生植物为食。

繁殖：营浮巢于水边苇丛中，巢材多为芦苇或蒲草。雌雄共同营巢。每窝产卵7~12枚，卵梨形，青灰色略带绿色光泽，并有褐色斑点，双亲轮流孵卵24天。雏鸟早成性。

相似种识别：白骨顶与黑水鸡（见第23页）体形和羽色相似，但黑水鸡的额板为红色。

编者提示：白骨顶也称骨顶鸡，俗名水姑丁，分布甚广，几乎遍布全国各地（数量曾有减少的趋势）。近年来在北京较常见，迁徙季在公园、水库等开阔水面可有数十只集群，偶有数百只白骨顶聚集，少量个体在北京繁殖、越冬。

幼鸟

黑水鸡

Gallinula chloropus
Common Moorhen

分类：鹤形目，秧鸡科。
生态类群：涉禽。
居留状况：夏候鸟（3月下旬至10月下旬），偶见冬候鸟（11月至翌年3月）。
体长：30~35厘米。
特征描述：中型涉禽。通体黑色，嘴黄色，嘴基与额甲红色，两胁有宽阔的白色纵纹，尾下覆羽两侧有显眼的白色。脚黄绿色，跗间关节上有一鲜红色环带。
习性：鸣声短促响亮。常成对活动，善游泳和潜泳，潜水时间长，仅露鼻孔于水面。能在水面植物上行走，游泳时身体浮出水面很高，尾常常垂直竖起，频频纵向摆动。一般不飞，遇紧急情况常贴水面飞行，速度较慢。
生境：栖于有挺水、浮水植物的沼泽、湖泊、苇塘等地。
食性：主要食水生植物嫩叶、幼芽、水生昆虫、软体动物。
繁殖：在芦苇丛中，用苇茎、蒲草营水面浮巢。每窝产卵6~10枚，卵长圆形，浅灰色或赭褐色，具红褐色斑点。双亲轮流孵化，19~22天出雏。雏鸟通体黑色绒羽，额甲红色。
近似种识别：与董鸡相比，黑水鸡个体较小，嘴短，尾下覆羽两侧有白斑，胁部白色条纹明显。与白骨顶相比，黑水鸡体形略小，且白骨顶额甲为白色。

编者提示：黑水鸡俗名红骨顶，在城市公园有水生植物的水域中易见。注意其幼年期嘴基及额甲不呈红色。

幼鸟

普通雨燕

Apus apus

Common Swift

分类：夜鹰目，雨燕科。
生态类群：攀禽。
居留状况：夏候鸟（4 月上旬至 8 月上旬）、旅鸟。
体长：16.9~18.4 厘米。
特征描述：小型攀禽。全身体羽几乎为纯黑褐色，喉部污白色，尾浅叉状。嘴短阔而扁，为纯黑色。幼鸟额污灰白色，通体灰褐色，无光泽。
习性：鸣声为尖亮并带颤音的“啾儿——啾儿——啾儿……”。多成群在高大建筑物和山崖上空活动，飞行快速并伴以滑翔。两翅狭长，展翅如镰刀，翼角不明显。不到地面活动，四趾朝前形成前趾足，可在直壁上攀挂。在高速飞行中张口捕捉昆虫。交配也在飞行中完成。除繁殖期外几乎全在空中飞行。
生境：山地、旷野、荒漠、湿地及城市的上空。
食性：以昆虫为食。
繁殖：洞栖性，营巢于高大建筑物（如庙宇等）或悬崖、老树处的洞窟中。巢碟状，巢材一般用杂草茎、枯叶、纤维等混以泥土，巢材均在飞行中获取。一般每窝产卵 2~3 枚，近纯白色，椭圆形，雌雄轮流孵化，21~23 天出雏，雏鸟晚成性。
相似种识别：北京可见的另外两种雨燕：白腰雨燕，腰部为白色；白喉针尾雨燕，尾羽轴末端延长成针状，喉部白色。

编者提示：普通雨燕俗名楼燕、麻燕，因其模式亚种采于北京，也称北京雨燕，是北京地区最具象征性的鸟类。

普通燕鸥

Sterna hirundo

Common Tern

分类：鸻形目，鸥科。
生态类群：游禽。
居留状况：旅鸟、夏候鸟（4 月至 10 月）。
体长：31~37 厘米。
特征描述：中型游禽。头黑色，嘴红色，嘴端呈黑色，飞羽很长，折拢时超过尾羽。翅较长，窄而尖，外侧尾羽极度延长，尾呈深叉状。繁殖羽额、头顶和枕部为黑色，背蓝灰色，下体偏浅色，胸以下灰色，颊部、嘴基、颈侧、颏、喉为白色。繁殖羽与非繁殖羽相似，只前额为白色。
习性：鸣声为“可呀，给哩，给哩”。小群活动。飞行快而敏捷，定点振翅。有时用嘴点水，有时俯冲而下，有时头部冲入水中捕食，继而吞食。
生境：栖息于平原、草地中的湖泊、水塘和沼泽地带。
食性：小鱼、虾、甲壳类、昆虫。
繁殖：营巢于各种水域的沙地或沙石地上。巢简陋，仅在地上的浅坑内垫少许枯草和羽毛。每窝产卵 2~5 枚，双亲轮流孵化，20~24 天出雏。
相似种识别：体态与白额燕鸥相近，但白额燕鸥体形较小，额头有明显白色斑块。与灰翅浮鸥的区别在于灰翅浮鸥尾羽开叉浅，繁殖羽下体深灰色。

编者提示：普通燕鸥俗名燕鸥、普通海燕，燕鸥的明显特征是翅长且尖，尾羽分叉似燕子，普通燕鸥在北京较常见。

西伯利亚银鸥

Larus vegae
Vega Gull

分类：鸻形目，鸥科。
生态类群：游禽。
居留状况：旅鸟。
体长：55.4~66.7 厘米。
特征描述：成鸟夏羽头部至后颈纯白色，背深灰色，腰、尾上覆羽和尾羽白色，肩、翼上覆羽和内侧飞羽深灰色，肩羽有宽阔的白色羽端，下体白色。成鸟冬羽头及颈部有较多的灰褐色纵纹。幼鸟第一年非繁殖羽嘴全黑，由前向后黑色慢慢变淡，体羽较深，羽缘较白。
习性：成群活动于海岸或河口地区，亦见于大型湖泊、水库。
食性：以鱼和水生无脊椎动物为食，也跟随船只捡拾扔下的食物，有时到陆地上啄食鼠类、蜥蜴等，也偷食鸟卵和雏鸟。
繁殖：营巢于海岸及海岛陡峭悬崖岩壁上，也在湖边沙滩、小岛及苔原草地上营巢。巢由芦苇、枯草构成，内垫苇叶、细草。每窝产卵 2~3 枚，卵为浅绿至浅绿褐色、橄榄褐色或蓝色，具黑色斑点。
相似种识别：在野外不易与黄脚银鸥区分，西伯利亚银鸥的嘴比黄脚银鸥更厚重，脚粉色。黄脚银鸥在北京地区十分少见。

编者提示：西伯利亚银鸥俗称叼鱼郎、红脚鸥，性成熟需要几年，户外观察注意区分成、幼鸟。另一种更常见的红嘴鸥个体小，嘴细且小于西伯利亚银鸥，非繁殖羽眼后有黑斑。

红嘴鸥

Chroicocephalus ridibundus

Black-headed Gull

分类：鸻形目，鸥科。

生态类群：游禽。

居留状况：旅鸟（3月上旬至5月，9月下旬至11月）。

体长：35~43厘米。

特征描述：中型游禽。繁殖羽头和颈上部为深褐色，好似深棕色“头罩”，眼后缘有细的白色眼圈，额中央白色，颈下部、上背、肩、尾上覆羽和尾羽白色，下背、腰及翅上覆羽淡灰色，嘴暗红色，先端黑色。非繁殖羽头部转为白色，耳羽区有灰黑色斑，嘴和脚为鲜红色，嘴端部稍暗。

习性：常成小群活动，冬季集大群。低空盘旋，或在水面停息游弋。

生境：植物丛生的湖泊、河流、水库、大型养鱼池等水域。

食性：主要以小鱼、虾、水生昆虫、软体动物为食。

繁殖：营巢于湖泊、水塘、河流的岸边或水中小岛上。在草丛、土丘和沙石上筑浅碗状巢。巢材主要由枯草构成。每窝产卵2~4枚，雌雄轮流孵卵，20~26天出雏。

相似种识别：与常见的西伯利亚银鸥相比，红嘴鸥体形较小，嘴形纤细很多，西伯利亚银鸥繁殖羽头部仍是白色。与遗鸥相比，红嘴鸥体形略小，繁殖羽时眼周白斑不如遗鸥宽大，非繁殖羽时遗鸥头白，眼后不具黑斑。

编者提示：红嘴鸥俗名黑头鸥、笑鸥，繁殖羽和非繁殖羽差异较大，野外识别时注意区别。

繁殖羽

白鹭

Egretta garzetta

Little Egret

分类：鹈形目，鹭科。

生态类群：中型涉禽。

居留状况：旅鸟（4月至5月，10月至11月）、夏候鸟、冬候鸟（偶见）。

体长：52~68厘米。

特征描述：嘴、颈和后肢均修长，嘴、后肢为黑色，脚趾为黄色，全身白色。繁殖期枕部着生两根长而软的辫状饰羽，眼先粉红色，背和前颈长有蓑羽。非繁殖期辫羽、蓑羽均无，眼先黄色或黄绿色。雌雄形态相似。

习性：喜集群，活动于水边浅水处，常与其他鹭类混群。觅食时，常用脚趾搅动身前水域，待鱼上浮捕捉之。

生境：喜在稻田、河岸、沙滩、泥滩及沿海小溪流觅食。常栖于低海拔溪流、水田、沼泽、河口、沙洲地带附近的林地。

食性：以各种小鱼、蛙、虾、蜻蜓幼虫等水生昆虫为食，也吃少量谷物等植物性食物。

繁殖：营巢于大树上，巢距地面15~20米，每窝产卵3~6枚，雌雄轮流孵卵25天左右，雏鸟为晚成鸟。

相似种识别：大白鹭、中白鹭体形较大，分别是95厘米和70厘米，大白鹭颈部更长，且有特殊“扭结”，中白鹭体形小些，趾为黑色。

编者提示：白鹭俗称小白鹭。分布很广，较常见。白鹭黄色的脚趾很明显，观鸟爱好者戏称为“黄袜子”。

大白鹭

Ardea alba
Great Egret

分类：鹈形目，鹭科。

生态类群：涉禽。

居留状况：夏候鸟、旅鸟（4 月至 5 月，10 月至 11 月），不常见冬候鸟。

体长：82~102 厘米。

特征描述：大型涉禽。体形最大的白色鹭类。嘴、颈、后肢均甚长；雌雄相似，全身洁白。繁殖期嘴为黑色，嘴裂（远看是条黑线）达眼后，眼先蓝绿色，肩背部有散状蓑羽至尾后，小腿的裸露部分略呈淡粉红色，跗跖和趾为黑色。非繁殖羽亦为白色，但颈下部和肩背无蓑羽，嘴和眼先为黄色。

习性：多为几只或几十只集群，亦可与其他鹭混群，夜栖于树上。飞行时头缩于背上，颈凹，常有明显的“扭结”，脚向后伸直。站立或步行时头常缩于背上呈驼背状，有时颈部可充分伸直张望四周。行走时缓慢地一步一步前进。

生境：栖息于湖泊、河谷、养鱼池等水域处。

食性：以小鱼、蛙、昆虫、水生动物为主要食物。

繁殖：营巢于高大树上或芦苇丛中。巢简陋，由枯枝和干草构成。每窝产卵 3~6 枚，多数为 4 枚，卵为天蓝色，雌雄轮流孵卵，25~26 天出雏，雏鸟晚成性。

近似种识别：与中白鹭的重要区别为中白鹭嘴裂不过眼，大白鹭嘴裂延伸至眼后。

编者提示：大白鹭俗名白桩，在全球温带地区均有分布。

池鹭

Ardeola bacchus
Chinese Pond Heron

分类：鹈形目，鹭科。
生态类群：涉禽。
居留状况：夏候鸟（4月初至10月中旬）。
体长：40~67厘米。
特征描述：中型涉禽。嘴粗直而尖，呈黄色，尖端黑色，嘴基蓝色。繁殖羽的头、羽冠、后颈和前胸均为栗红色，羽冠延长达背部；肩羽紫黑色，其蓑羽延伸至尾端。飞翔时两翅和尾的白色与体背黑色呈鲜明对比，易于识别。雌雄体羽相似。非繁殖羽的头颈到胸为白色，有暗黄褐色纵纹；背部为暗褐色。当年幼鸟的羽色类似非繁殖羽。
习性：鸣声为“哇——，哇——”。喜群栖。性较大胆，不很怕人。
生境：通常栖息于稻田、沼泽。
食性：主要以小鱼、虾蟹、昆虫为食。
繁殖：喜成群营巢于水域附近的大树上。巢简单，用枯树枝和干草构成。每窝产卵3~6枚，雌雄轮流孵卵；19~23天出雏；雏鸟将喙伸入亲鸟口中取食，育雏期约30天。
相似种识别：繁殖羽时色彩艳丽，不易与其他鸟类混淆；幼鸟、非繁殖羽与夜鹭未成年鸟接近，但夜鹭上体及翅密布斑点，池鹭没有，飞翔时两翅呈白色。

编者提示：池鹭俗名叫红毛鹭、白哇，城市公园池塘或湿地水塘等平缓水域较常见，喜单独活动。注意非繁殖羽的辨识。

非繁殖羽

斑头秋沙鸭（雄）

Mergellus albellus
Smew

分类：雁形目，鸭科。

生态类群：游禽。

居留状况：旅鸟、冬候鸟。

体长：34~45.6 厘米。

特征描述：小型秋沙鸭。雄鸟头颈白色，眼周围黑色，形成黑色眼圈，虹膜红色；枕部两侧黑色，中间白色，延长成羽冠；嘴和脚为铅灰色；背黑色，两侧白。下体白色，胸部两侧有黑色斜线，翼镜白色。雌鸟见第 81 页。

食性：食物以小鱼为主，也食软体动物、甲壳类、石蛾等水生无脊椎动物，偶尔也吃少量植物。

习性：通常雌雄分别集群活动，喜潜水觅食。

生境：繁殖期栖息于森林或森林附近的水域，非繁殖期则栖息于开阔的水域。

繁殖：繁殖期 5 月至 7 月，营巢于树洞中。每窝产卵 6~10 枚。

相似种识别：雌鸟易与鹊鸭雌鸟混淆，但鹊鸭雌鸟头颈部整体为褐色，好似戴个头套；斑头秋沙鸭头顶至颈部栗色，脸颊颈侧、喉白色，好似戴个棒球帽。

编者提示：斑头秋沙鸭也称白秋沙鸭，俗名小鱼鸭、鱼猴子。雄鸟特征明显，有白色头颈部和滑稽的黑眼圈，观鸟人昵称其为熊猫鸭。斑头秋沙鸭在北京相对较常见，如冬季在颐和园不封冻水域可见。

雌♀

（见第81页）

大天鹅

Cygnus cygnus
Whooper Swan

分类：雁形目，鸭科。
生态类群：游禽。
居留状况：旅鸟、冬候鸟（11 月至翌年 3 月）。
体长：120~160 厘米。
特征描述：大型游禽。体大颈长。全身羽毛均为雪白色，嘴基的黄色斑从嘴基向前延伸至鼻孔下。跗跖、趾和蹼为黑色。雌雄相似，幼鸟和亚成鸟的体羽呈棕黄色及灰色。
习性：鸣声单调粗哑。性喜集群，冬季以家族或大群栖息在一起。性胆小，警惕性高，在水中常远离岸边。游泳时，颈垂直向上，头向前平伸，全身前部沉入水中较多，背部隆起，游动缓慢，姿态优美。一般不潜水。由于身体较大，起飞不灵活，需两翅急剧拍打水面，两脚在水面奔跑一段距离后才能起飞。飞行较高，列队呈“一”字或“人”字形。
生境：喜欢栖息于食物丰富的开阔湖泊、水塘和流速缓慢的河流、潟湖，特别是高原湖泊。
食性：食物为水生植物和少量昆虫等动物。
繁殖：在水域岸边筑巢。雌鸟建巢、孵卵，每窝产卵 4~7 枚，35~40 天出雏，雏鸟有早成性。4 龄性成熟，配偶固定。
相似种识别：与小天鹅相比体形大。以嘴部黑黄色面积为例，大天鹅黄多黑少，小天鹅黄少黑多。

编者提示：大天鹅俗名鹄、黄嘴天鹅，在北京地区基本是迁徙路过（旅鸟），郊区不封冻水域可见冬候个体。大、小天鹅混群时，体形较易分辨；单独栖息时注意观察嘴部特征。

额
眼先
喙
颏
喉
胸
边缘覆羽
小翼羽
次级小覆羽
次级中覆羽
次级大覆羽
初级覆羽
胁
腹
爪
脚趾

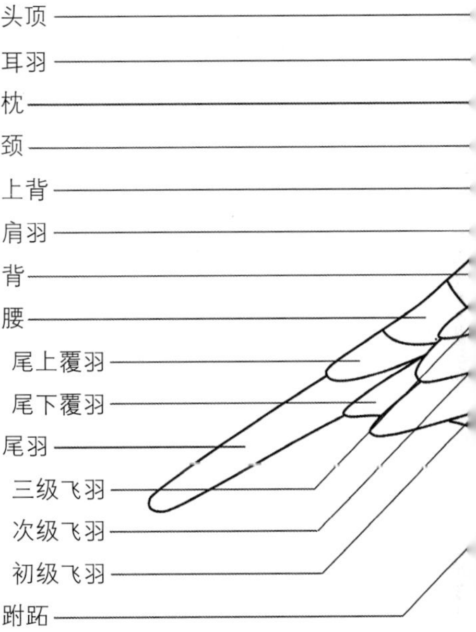
头顶
耳羽
枕
颈
上背
肩羽
背
腰
尾上覆羽
尾下覆羽
尾羽
三级飞羽
次级飞羽
初级飞羽
跗跖

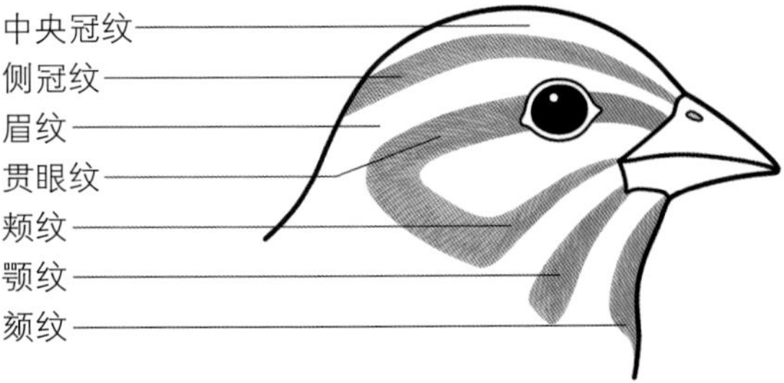
中央冠纹
侧冠纹
眉纹
贯眼纹
颊纹
颚纹
颏纹

使用说明

1. 本书鸟种名及各颜色鸟种排序依照郑光美先生主编的《中国鸟类分类与分布名录（第四版）》。

2. 本书按照鸟种主要羽色分类，把相近的棕褐色放在了一起，方便使用者查询。

3. 文后索引分中文索引和英文索引。

目　录

选择了各季节常见鸟种 120 余种。

由于地理、气候和植被等方面的因素，鸟类分布还会表现出垂直变化的特征。在北京地区可粗略地分为平原鸟（海拔 100 米以下），低山鸟（海拔 100~750 米），中山、亚高山鸟（海拔 750~1400 米、1400 米以上）。夏季，山地鸟类相对丰富，平原鸟类较少；冬季，低山和平原鸟类相对丰富，中山、亚高山鸟类较少；春、秋两季从平原到中山地带鸟类均较丰富。

从生态类群看，游禽、涉禽喜在水域湿地栖息，陆禽、攀禽喜在森林及平原环境生活，猛禽和鸣禽在各种环境都有相应的种类。

北京城区亦属平原地带，城市发展和人类活动形成了特殊景观，对鸟类分布也带来了特殊影响。城市中的公园绿地像岛屿一样，吸引着一些平原鸟种和迁徙鸟种，有大面积水域的公园还能季节性地吸引一些水禽。总体看来，鸟类在北京地区的分布有季节分布和垂直分布两大特征。由于环境差异极大，北京地区鸟类的分布是不均匀的。随着北京地区绿化面积及质量的提升，以及湿地生态的恢复，鸟类在种群密度和鸟种多样性方面也会有所改变。

广布种类。因此，北京地区鸟类相对丰富，蔡其侃先生所著的《北京鸟类志》上共记录了340余种鸟类。

近30年，特别是近十年来北京地区鸟类种类数逐渐增加，已多达500余种。新增的分布种类记录主要来自民间观鸟者，这些重要记录反映出观鸟活动对科学的贡献。鸟类分布在北京地区的较大变化让我们注意到两个问题：科学的发现与记录是一个不断发展、不断积累的过程；鸟类的分布随环境的变化而改变。

《北京鸟类名录》的鸟种数字是中外学者、观鸟者100多年来研究结果的积累。其中有一些种类仅在某个时期有过偶然的记录。此外，北京地区的鸟类并不能同时出现在北京，而是存在着明显的季节性特征。这些鸟类中有：**留鸟**（常年居留北京地区的鸟种）、**夏候鸟**（春夏在北京地区繁殖，秋冬南迁的鸟种）、**冬候鸟**（仅冬季在北京地区生活，春季向北迁徙的鸟种）、**旅鸟**（既不在北京繁殖，又不在北京越冬，仅每年春季和秋季在南北迁徙途中，路过北京地区的鸟种）、**迷鸟**（本不该在北京分布，而由于某种自然原因在北京偶然出现的野生鸟种）。另有八哥等个别种类因人为放生或逃逸所致，已在北京地区建立野外种群，本书将其视为逃逸性留鸟。此外，由于本书不讨论种下分类，而一些鸟种的亚种或种群数量较多，在北京地区可以存在多种居留类型。

因此，在每个季节我们所能看见的鸟类实际上仅仅是北京地区的留鸟和与季节相对应的居留类型。纵观全年，本书

北京地区自然条件和鸟类分布概况

北京位于华北平原西北端，地理坐标为北纬 39° 26′ ~ 41° 03′，东经 115° 25′ ~117° 30′，土地面积约为 1.64 万平方千米。地势西北高，东南低，傍山面海，地理地貌呈现多样性。西北部群山连绵，西部山地属太行山脉，北部属燕山山脉，东南部是一片缓慢向渤海倾斜的平原，距渤海仅 150 千米。按地势高低划分，北京市分为山地和平原两部分，山地占土地面积的 62%，平原占土地面积的 38%。

目前北京全市森林覆盖率仅为 44%，原生植被已经消失，山地森林由天然次生林和人工林构成，且林龄偏幼。但从地理角度看，北京地处中纬度地区，具有明显的温带大陆性季风气候特征，适合森林发育。曾是且现在也是华北地区物种较丰富的地段。

从动物地理角度看，北京属古北界－东北亚界－华北区（内含黄土高原亚区和黄淮平原亚区的成分）。北京地区分布的鸟种主要是北方种类（古北界种），也有一些南方种类（东洋界种）的渗透。既是古北界北方种类的分布区，又有蒙新区种类向东延伸的分布，同时还是东洋界种类向北渗透的北界，甚至还有某些喜马拉雅成分的渗透，以及一些

简明、轻便，在常见鸟类的代表性，以及分类检索和对比识别方面有其独特性，非常适合他们在野外观鸟使用，成为他们培养爱好和获取知识的铺路石。同时，一本在分类和检索上简明易操作，又带有一定趣味性的书籍，会带给孩子足够的成就感，也能培养孩子良好的科学检索及资料查询方法，为少年儿童建立正确、高效的学习习惯奠定基础。在获得正确识别野外鸟类的满足感和成就感的同时，逐步学习和掌握更多的鸟类知识，从而更快进入观鸟达人的行列。

北京是全球范围内鸟类分布最丰富的首都城市之一，吸引了众多外地观鸟者，甚至国外资深观鸟人纷纷前来。对于初到北京的观鸟爱好者，这本袖珍手册不仅便于携带，而且内容科学、简明、准确，入选鸟类经过专家认真筛选，同样非常适用。

感谢著名鸟类学家赵欣如老师亲自为本书作序，并在整个策划资料收集、编写及订正期间所做的多方指导与帮助。本书主要参考赵欣如老师主编的《北京鸟类图鉴（第2版）》，相当于该书的简明版。因此，将本书与该图鉴及其他专业鸟类手册一起结合使用，能够给读者带来更全面专业的知识。

还要特别感谢为本书提供图片的所有作者！

2024年8月于北京

见作者对鸟种的选择也十分科学。这本小书帮了大忙！后来我查资料，美国 50 个州，每个州都有这样一本按鸟体羽色分类的常见鸟类手册，真是太方便了。当时我就想，如果国内也有这样的书就好了，不仅整理出不同省份或城市的常见鸟类，并且采用适合初学者或青少年的分类和查询方式，一定能帮助许多人。

新冠疫情期间较少出门，花了些时间把自己最熟悉的北京地区常见鸟类筛选整理了一下，和几位专家老师及中国观鸟会“城市绿岛观鸟行”项目合作，编辑了这本《北京地区常见鸟类便携手册》，真正实现了这一愿望。

本书共收录北京地区常见鸟类 120 余种。入选鸟类经过专家对历年来北京地区的观鸟记录、野外同步调查记录等大量数据的综合分析和科学筛选而确定，具有较好的代表性，涵盖了北京地区各大公园、山林湖泊、荒野湿地所能见到的大部分鸟类。

有别于大多数鸟类识别手册、野外观鸟手册等专业工具书，本书小巧、轻便，便于携带，尤其是采用了按鸟体主要羽色分类的检索方法。对许多刚刚入门的观鸟者或青少年朋友来说，容易上手，方便查找。

广大青少年和儿童是我们观鸟队伍的未来，更是我们国家环境发展和生物多样性保护的希望。引导青少年走进大自然，培养他们对生机勃勃的自然环境的热爱，对孩子们的身心健康和国家、社会的未来发展都是非常有意义的事情。

对青少年朋友和大多数刚刚入门的朋友来说，本书

前　言

许多年前去美国短期旅行时，有机会驾车四处观鸟。北美洲的鸟种与欧亚大陆的鸟种差异很大，很多鸟类是第一次见到。为了有效辨识鸟种，我迫切需要一本称心的鸟类手册。以往无论是在国内还是国外，我都会准备一本厚厚的、十分权威的大部头鸟书、鸟类图鉴、野外识别手册等，好像也没有考虑过其他更可行的办法（那时也没有现在十分流行的鸟类 App）。

然而一次偶然的机会，我在一个旧书集市上淘到一本二手的《密苏里州常见鸟类便携手册》。这是一本口袋书，内容不多，只介绍了不到 100 种鸟，而且每种鸟的文字信息也非常简明，但都是本地十分常见的鸟。每一种鸟都有实景照片作为对照，而且更有特色的是，它不像大部分图鉴或手册那样，按照鸟的种类分类排序，而是按照颜色！而这正是一个初学者首先注意到的鸟类特征。见到一只鸟，我可能不清楚它是鸫还是鹨，可能不知道它是森莺还是霸鹟，但我能明确说出它是什么颜色！这样就能方便地在书中查出它的具体名称和信息，十分快捷高效。

事实也证明这本书非常实用，我在密苏里州待的时间不长，见到 70 多种鸟，其中 80%~90% 是这本书上的，可

是面向零基础观鸟爱好者的普及活动，主要在北京代表性的城市公园开展。此项活动一经开展，就深受大家的欢迎。观鸟从身边开始，从生活的社区和城市公园开始，慢慢地跟随鸟类逐步走向远方……

20 多年来，随着我国民间观鸟活动的普及和发展，鸟类图鉴、鸟类图谱、野外观鸟手册等观鸟工具书陆续出版，而各种观鸟工具书的读者定位是有区别的。有的面向科研人员和资深鸟友，有的面向普通鸟类爱好者，有的面向青少年学生，有的针对某一城市或地区的观鸟者在当地观鸟的需求。《北京地区常见鸟类便携手册》面向零基础的观鸟初学者，方便大家在北京及其附近地区使用。

观鸟已成为一项优雅的时尚活动，通过观鸟，我们可以提高科学认知，体验融入自然和鸟类世界的快乐，提升我们关注环境、保护生态的意识，观鸟也是一项极具吸引力的户外健康活动。深入体验观鸟，能够使我们成长为一名有科学思维、有自然情怀、愿意保护生态环境的践行者。

“学会观鸟，就等于获得了一张终生通往自然剧院的免费门票”，不知你是否愿意来领取它呢?

赵欣如

2024年8月16日于北京师范大学

序

揣上一本鸟类图鉴，背上望远镜，带上记录本，观鸟者出发了。他（她）可能是独自一人，也可能是和家人或约上三五好友一起出行，到野外或公园观鸟，融入自然，度过美好的休闲时光。

初入观鸟圈的朋友，首先遇到的问题是找不到鸟，有时找到了却叫不出鸟的名字。没有老师或观鸟大咖在身边，真是让人抓耳挠腮。若手中有一本入门级的鸟类图鉴，就能解燃眉之急。

对于大部分观鸟者而言，虽然没有读过鸟类学的专业书籍，但鸟类在我们面前出现时，我们的眼睛和耳朵总是能捕捉到它们的一些信息，即鸟类呈现出的外在特征，如鸟类的大小、轮廓、羽色、身体各部的比例、嘴形、翅形、尾形、栖止状态、觅食动作、飞行曲线等，还有叫声的特征，如高频、低频、单声、婉转、有节奏等。只要我们抓住了其中的某些信息，通过查看鸟类图鉴，就能找到鸟种名字和简要的生物学信息。

如此看来，一本适用的鸟类图鉴，可以充当专业老师给予新手指导，帮我们解决现场无处询问的难题。

中国观鸟会开展10余年的“城市绿岛观鸟行”项目，

内容摘要

本书共收录北京地区常见鸟类 120 余种。入选鸟类经过专家对历年北京地区的观鸟记录、野外同步调查及“城市绿岛观鸟行”10 多年在北京 5 大公园的观鸟记录等大量数据的综合分析和科学筛选而确定，具有很好的代表性。几乎涵盖了 90% 以上北京地区各大公园、山林湖泊、荒野湿地所能见到的常见鸟。

本书以鸟体主要羽色作为分类标准，方便观鸟初级入门者、中小学生的野外快速查询。鸟类文字介绍内容丰富，包括鸟类名称、学名、英文名、居留状况、雌雄及幼鸟简明特征、尺寸、习性、生境、食物、繁殖、与其他相似鸟类的对比（本书特色之一）等。

和文字介绍相对应的是鸟类的野外照片，考虑到鸟类雌雄、繁殖羽和非繁殖羽有明显差异，以及拍摄的不同角度、鸟类飞行状态等，书中配图主要体现了不同鸟类的特征，方便读者快速对照识别。

精美的图片，丰富的文字，使本书既是一本初级观鸟者的工具书，又具有较好的科普价值。

编 委 会

专业顾问：赵欣如

文字作者：刘建国　付建平

图片作者（按音序排名）：

常　乐　陈　啸　楚建梅　大毛虫　董江天
傅　聪　高景欣　巩慧君　郭大力　郭　军
郭逸雄　洪　彬　黄　进　黄　伟　冀　冲
雷　宏　李　鹏　李振京　刘建国　刘曙海
彭　涛　沈　越　沈　尤　宋会强　孙　琰
汤鹏翔　唐博辉　汪国彦　王　晔　魏　斌
吴　玮　吴秀山　吴兆丰　徐永春　颜小勤
杨　平　杨玉和　杨月江　夜鹤洲　俞小江
张　戈　张　龙　张为民　张小玲　张　永
赵力华　赵　鹏　郑宏民　郑永富　Rain 澍
Weining　sydn

封面照片：吴秀山

绘　　图：赵碧青